气象往事

——中国气象科技展馆里的故事

中国气象局 ◎编

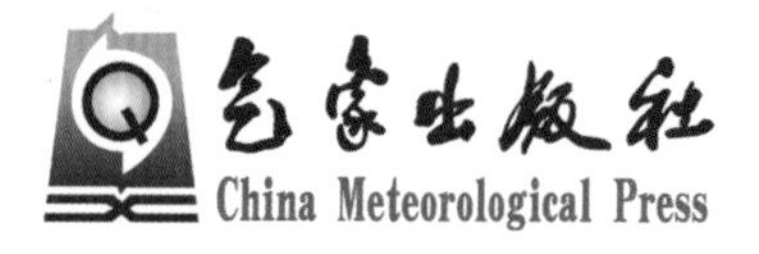

图书在版编目（CIP）数据

气象往事：中国气象科技展馆里的故事 / 中国气象局编. -- 北京：气象出版社，2021. 6

ISBN 978-7-5029-7468-8

Ⅰ. ①气… Ⅱ. ①中… Ⅲ. ①气象学－历史－中国 Ⅳ. ①P4-092

中国版本图书馆CIP数据核字（2021）第106513号

气象往事——中国气象科技展馆里的故事

Qixiang Wangshi—Zhongguo Qixiang Keji Zhanguan Li de Gushi

中国气象局　编

出版发行：气象出版社

地　　址：北京市海淀区中关村南大街46号　　**邮政编码**：100081

电　　话：010-68407112（总编室）　010-68408042（发行部）

网　　址：http://www.qxcbs.com　　**E-mail**：qxcbs@cma.gov.cn

责任编辑：宿晓凤　邵　华　　**终　　审**：吴晓鹏

责任校对：张硕杰　　**责任技编**：赵相宁

设　　计：郝　爽

印　　刷：北京地大彩印有限公司

开　　本：889mm × 1194mm 1/16　　**印　　张**：17.5

字　　数：320千字

版　　次：2021年6月第1版　　**印　　次**：2021年6月第1次印刷

定　　价：168.00元

《气象往事——中国气象科技展馆里的故事》编委会

主　编： 矫梅燕

副主编： （以姓氏笔画为序，下同）

于玉斌　王雪臣　宋善允　陈振林　潘进军

编　委： 王　省　冯汇杰　任　珂　刘欧萱　刘　波　刘皓波　孙　楠　李冬梅　李　晔　杨晋辉　汪应琼　张改珍　陈云峰　陈　琳　武蓓蓓　赵　帆　赵会强　徐　晨　谈　媛　章国材　温　晶

编写组： 王　省　任　珂　刘　波　李冬梅　杨晋辉　张改珍　武蓓蓓　温　晶

气象部门要把天气常常告诉老百姓。

——毛泽东

气象工作对工农业生产很重要，气象工作者要努力啊。

——邓小平

气象事业发展水平的高低是一个国家现代化水平的标志之一。

——江泽民

要依靠先进科学技术手段，提高气象预报预测能力，搞好各项气象服务，为经济社会发展和人民群众安全福祉做出更大的贡献。

——胡锦涛

气象工作关系生命安全、生产发展、生活富裕、生态良好，做好气象工作意义重大、责任重大。

广大气象工作者要发扬优良传统，加快科技创新，做到监测精密、预报精准、服务精细，推动气象事业高质量发展，提高气象服务保障能力，发挥气象防灾减灾第一道防线作用。

——习近平

序

人类生活在变幻莫测的大气之中。气象是研究大气运行规律的科学，气象工作关系生命安全、生产发展、生活富裕、生态良好。气象科技和气象事业发展的历史，是人类在复杂而宏大的不确定性中坚韧地寻找相对确定性的历史，是人类用智慧探索自然、用科学构建人与自然生命共同体的历史。

中华气象文化源远流长。一万多年前，中国古人就开始通过观日月和察星斗等活动来预测天气变化。从“看云识天气”的经验传承到“二十四节气”的韵律实践，中华民族给世界留下了丰富的气象科学文化遗产。

人民气象事业发祥于延安。新中国成立后，气象部门在党中央、国务院领导下，坚持改革创新，干出了气象事业的一片新天地。从以地面人工观测为主到“天—地—空”一体化的综合气象观测网，从手填手绘天气图和人工分析到客观、定量、智能、精细化分析预报，从单一天气预报业务到气象预报预测、气象防灾减灾、应对气候变化、气候资源开发利用、预警信息发布、生态环境气象、海洋气象、农业气象、水文气象、空间天气等业务全面发展，气象现代化水平快速提升，气象服务保障国家重大战略、社会生产和人民生活的能力日益提高。

中国气象科技展馆于2019年12月新中国气象事业发展70周年之际正式落成开馆，是全新的国家级气象科普教育基地、气象文化传承载体。中国气象科技展馆展陈内容从甲骨文中的气象记录娓娓道来，回顾了中华民族走过的大气探秘之路，描绘了中国气象科技事业发展的恢宏长卷，重点展示了新中国成立后，在中国共产党领导下，在党和国家领导人的关怀下，一代代气象工作者砥砺前行的奋斗历程，展示了气象事业取得的重大成就以及气象在防灾减灾、趋利避害、服务经济社会发展和人民安全福祉中做出的重要贡献，并向一代代接续奋斗、奋力拼搏的气象人致敬。自开馆以来，社会各界观众络绎不绝，并且为气象科技之先进所震撼，为气象精神之坚韧所感染。

2021年，这本中国气象科技展馆配套图书付梓，再次系统呈现中国共产党领导的人民气象事业波澜壮阔的发展历程，隆重庆祝中国共产党成立100周年！气象部门将坚持以习近平新时代中国特色社会主义思想为指导，面向国家发展需求，面向世界科技前沿，不忘初心、牢记使命，加快科技创新，做到监测精密、预报精准、服务精细，继续朝着全面建成现代化气象强国的宏伟目标奋勇前进，努力为实现第二个百年奋斗目标、实现中华民族伟大复兴的中国梦提供更高质量、更高水平的气象保障。

目 录

云海问天篇

瀚海撷英篇

史海钩沉篇

公元前21世纪：

世界上最古老的观象台——陶寺古观象台建成

公元前18—前11世纪：

世界上最早的气象记载——甲骨卜辞出现

秦汉时期：

日晷诞生

西汉初期：

形成了最完整的二十四节

西汉时期：

相风铜乌测风器诞生

第一章 中国古代气象

1442年：

明朝修建北京古观象台

1405—1431年：

郑和运用季风规律七下西洋

1672—1903年：

清康熙年间《晴雨录》记载逐日天气

东汉时期：

琴弦测湿方法诞生

复原后的陶寺古观象台

第一节　陶寺古观象台

《尚书·尧典》中记载，帝尧“乃命羲和，钦若昊天，历象日月星辰，敬授民时”。大意是，帝尧命令羲仲、羲叔、和仲、和叔两对兄弟，恭谨地顺从上天，根据日月星辰的运行规律，制定历法，慎重地教给民众农事季节。

2003年，考古工作者在山西省襄汾县陶寺遗址发掘出了帝尧时期的观象台，即陶寺古观象台，证实了帝尧“敬授民时”的史实。陶寺古观象台形成于公元前2100年的原始社会末期，比世界上公认的建于公元前1680年的英国巨石阵还要早400多年。它是我国观象台的鼻祖，也是一座实现“天人对话”的神坛。

陶寺遗址于20世纪50年代被发现，是山西省南部80多处龙山文化（公元前2500—前2000年）遗址中最著名的一处。1978—1987年，考古学家对陶寺遗址进行了大规模的发掘，并对当时出土的文物进行了研究，多倾向于将陶寺遗址与“尧都平阳”联系起来。但是，当时出土的文物以及发掘出的建筑遗存还不能充分印证这一推测。2003年，陶寺遗址的一座大型半圆体夯土建筑被发掘出来。这个建筑是由夯土筑成的三层半圆形坛台，背靠陶寺遗址大城城墙，面向东南方，总面积1400平方米左右，最上层台的东部有13根排列成弧形的夯土墩。刚一发掘出来，考古学家就意识到，这些夯土墩可能是一组用于观测日出方位以定季节的建筑物，并推测台基兼具观象授时与祭祀功能。可是，由于建筑物遗迹只剩台基，观测方法和观测内容已经无法得知。为了验证考古学家的推测，考古队于2003年12月22日冬至日至2005年12月2日进行了两年的实地模拟观测。2005年10月，中国社会科学院考古研究所举行陶寺城址大型特殊建筑功能及科学意义论证会。与会专家纷纷引述《尚书・尧典》等相关文献记载，与被发掘的建筑及模拟观测相印证，最终确认2003年考古发掘的特殊建筑正是陶寺古观象台，绝对年代距今4100年左右。陶寺古观象台的发现，进一步印证了古籍中所传“尧都平阳”的存在，弥补了因文献记载缺失而对中国商周以前上古天文学的发达水平知之甚少的遗憾。

陶寺古观象台集观测、祭祀功能于一体。观象台由13根夯土柱组成，呈半圆形，半径10.5米，弧长19.5米。观测者可以从观测点通过土柱狭缝观测塔儿山日出方位，确定季节、节气，安排农耕。考古队通过模拟实测发现，从第二个狭缝看到日出为冬至日，第12个狭缝看到日出为夏至日，第7个狭缝看到日出为春分、秋分。如今，观众可以在陶寺遗址看到复原后的陶寺古观象台，亲历古人观天的情景。

陶寺古观象台上12个观测缝隙在不同时节与塔儿山日出光影的精确吻合着实令人惊叹不已，陶寺古观象台可以说是古人用智慧实现与天对话的媒介。陶寺古观象台借助自然山峰，巧妙融合人工建筑与天然背景，建成了一个巨大的天文对照系统，充分体现了中华文化“天人合一”的思想。

风 云 雨 雪 霾 虹 雨夹雪

第二节　甲骨文中的气象记录

帝尧时期的先人是如何与上天对话的，我们只能站在陶寺古观象台的遗迹上进行推测。时间再行进千年，商王朝是怎样天人对话的，就有了可供我们追溯的文献记载，就是甲骨文。甲骨文是中国最古老的文字，是商代人记录在龟甲和兽骨上的卜辞。占卜是人与上天的沟通。那时，事事都必须通过占卜来请示上天的旨意。占卜师在加工过的甲骨片反面钻出凹槽，用火灼烧，然后根据出现的裂纹来判断吉凶，并将占卜相关的人、事、结果都刻在甲骨上，形成卜辞。

甲骨文最早被发现于河南安阳小屯村，当地村民把其当作能治病的药材“龙骨”使用，直到光绪二十五年（1899年），晚清官员、金石学家王懿荣治病时，从来自河南安阳的甲骨上发现了甲骨文，认识到其特殊价值，才开始四处搜集。而河南安阳小屯村正是商晚期国都遗址“殷墟”的所在地。后来在河南、陕西其他地方也有甲骨出现，目前出土的带字甲骨已经超过16万片。

甲骨文的内容非常广泛，涵盖了当时社会的各方面。《安阳考古报告》中根据罗振玉、王襄两人论著中的分类，把卜辞的内容分为12类。

1. 卜祭　2. 卜告　3. 卜羔　4. 卜行止
5. 卜田渔　6. 卜征伐　7. 卜年　8. 卜雨（含风雷雾雹……）
9. 卜霁　10. 卜瘳　11. 卜旬　12. 杂卜

其中，7、8、9、11的问卜内容都是关于气象问题的，包括气候年景、天气预报及各种天气现象等，一些云雾异常现象则在12（杂卜）之内。从分类的内容所占比例看，商代很关注自然变化，重视观测气象，因为风云变幻直接影响着祭祀、征伐、农耕、狩猎等活动，所以在开展重要活动前要进行问卜，如卜年就是为了大规模开垦农田。

甲骨文中对天气现象的记载已十分完整、细致，记录包括降水、天空状况、风、云雾、光电等。公元前1217年3月20日的一片殷墟甲骨上的卜辞记载了一次“贞旬”的“验辞”。“贞旬”就是卜问未来10天的天气预报，而且事后要逐日验证。这种10天的预报和实况记载，都是世界最早的记录。

甲骨卜辞中的气象预报记录

1. 己未卜：今日雨，至于夕雨？

2. 乙丑延雨，至于丙寅雨？

3. 丁巳卜，亘贞：自今至于庚申其雨？

4. 辛未卜，贞：自今至乙亥雨？一月。

5. 自今五日至于丙午雨？

6. 庚午卜，争贞：自今至于己卯雨？

7. 自今辛至于来辛有大雨？

8. 丁酉雨，至于甲寅，旬又八日？九月。

例1到例5分别卜问当天、明天、3天后、4天后和5天后会不会有雨；例6和例7卜问9天和10天后会不会有雨。例8则卜问雨会不会下到35天后。这些占卜反映了商代人对气象预报的要求不仅有短期的，还有长时段的。

甲骨卜辞中的天气现象记录

1. 丙午卜，韦贞：生十月，雨其惟雹？/丙午卜，韦贞：生十月，不其惟雹雨？

2. 贞：帝其及今十三月令雷？

3. 庚寅卜：翌辛丑雨雾？

4. 庚寅卜，古贞：虹不惟年？/庚寅卜，古贞：虹惟年？

5. 乙酉卜，雪今夕雨不？……四月。

6. 翌癸卯帝不令风？夕雾。

上述辞例记录了商王占卜冰雹、雷、雾、虹、雪和风等天气的情况，尤其是例4中对虹的占卜，说明在商代人认知中，虹是会影响收成的。

日晷

第三节　日晷

日晷是古代人类利用日影测时刻的一种仪器。“日”指太阳，“晷”表示“影子”，从字面意思来说，“日晷”就是“太阳的影子”。日晷通常由铜制的晷针（表）和石头做的晷面（带刻度的表座）组成。

19世纪末20世纪初，考古人员先后在内蒙古、洛阳等地发现秦汉时代的石板，可以说是我国最古老的日晷。秦汉时代的日晷是在方石上刻一个大圆，大圆内有一个小圆，大圆100等分，刻有从1～69个浅的圆孔，每孔刻连一条辐射线，到内圆为止。圆的中心有一个略大的深孔，插上垂直杆，杆影可以在平面石板上移动，每过一小孔就是一刻（15分钟），中间深孔插的垂直杆也叫晷针，与晷面垂直。

古代的日晷，既有隋代的“短影平仪”，也有元代的“仰仪”，“日晷”这个名称则流行于明朝末年。现存北京的清朝日晷上，晷盘与赤道面平行，晷盘两面周围各刻上子、丑、寅、卯、辰、巳、午、未、申、酉、戌、亥12个时辰，每个时辰代表2小时，每个时辰还等分为“初”“正”，正好符合一天24小时的计时方法。

太阳从东边升起，在地球上从东向西视行时，角变化率与晷盘上晷针产生的阴影长度是从西向东呈比例关系移动。因此，晷针的阴影长度变化可以用来求取视（真）太阳时。把刻度时数刻在晷盘上，按日影投射与时线重合，就是当地地方时，称为视太阳时或真太阳时。根据其测时的工作原理，日晷装置形式分为3种：赤道式日晷装置、地平式日晷装置、垂直式日晷装置。3种形式的晷针均指向天北极（北极星）。不同的是晷盘的摆放形式：赤道式日晷装置晷盘平放于地上；地平式日晷装置使晷盘与地平坐标的地平圈平行，针和盘之间的夹角代表当地地理纬度；垂直式日晷装置也称立式日晷或竖式日晷，大都装置在建筑物的向阳墙壁上，晷盘平行于酉圈（也称六时圈），相当于把地平式日晷倒挂墙上。

日晷不仅可以用来测定时间，还可以用来确定节气。通过记录冬至日和夏至日的日晷测影资料，将先后取日北至或日南至的日数和年数相除，可得回归年长。观测的年数越多，回归年长的精度也越高。我国春秋战国时代已能测定一个回归年长为365.25日。同时，春分秋分介于冬至夏至之间，在二分二至基础上划分出二十四节气。

除计时、确定历法外，日晷还可以给建筑物定南北向。我国地处北半球中低纬度地区，建筑坐北朝南才可以实现冬暖夏凉。早晨日在东、影在西，傍晚日在西、影在东，找出早晚影长相等的两端点，两端点连线即为东西方向，连线的中点同表底相连就是南北方向。这样就把东、西、南、北四个方位确定下来了。

不过，日晷的工作依赖太阳照射，阴天和夜晚等没有太阳的时候无法使用日晷。因此，古人还发明了漏壶等仪器进行计时测量。

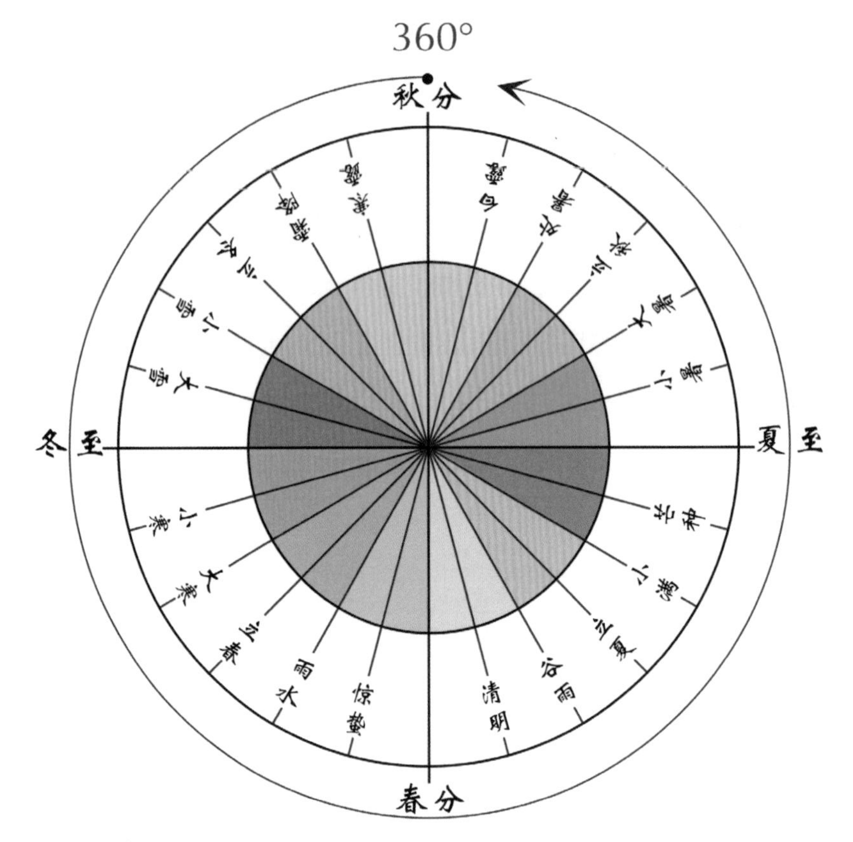

二十四节气划分图

第四节　二十四节气

说起中国古人的气象智慧，最为人熟知的就是二十四节气了。2016年11月30日，二十四节气被列入联合国教科文组织人类非物质文化遗产代表作名录。

二十四节气，是中国古人通过观察太阳周年运动，认知一年之中时节、气候、物候的规律及变化所形成的知识体系和应用模式。二十四节气以时节为经，以农桑与风土为纬，建构了中国人的生活韵律之美。现行二十四节气的判定来自1645年（清朝《时宪历》）起沿用至今的定气法，把太阳周年运动轨迹划分为24等份，每15°为1等份，每1等份为一个节气。

这一套五天为一候、三候为一个节气、一年七十二候的系统，在战国时代就已经确定并实际应用，最终在西汉淮南王刘安时代定型，古人对节气的认识始于对冬夏两季的划分。万年之前，人类就开始通过蛇的出入蛰来确定冷暖季节的交替。此后几千年，人们探索季节规律，逐渐认识了四时、四方，八节、八方。周朝时开始制定细致的节气。《管子·幼官》记载了三十节气系统，但是没有广泛流行。春秋战国时，二十四节气的天文定位已经完成，但节气名称还未定型。至《淮南子》，节气名称完全定型，对二十四节气作出了系统排列，并且简明地表达了每个节气的气候意义。《淮南子·天文训》中的有关记载如下：

八月二月，阴阳气均，日夜平分。

子午、卯酉为二绳，丑寅、辰巳、未申、戌亥为四钩。东北为报德之维也，西南为背阳之维，东南为常羊之维，西北为琥通之维。

日冬至，则北斗中绳……十五日为一节，以生二十四时之变：斗指子则冬至，音比黄钟。

加十五日指癸则小寒，音比应钟。

加十五日指丑则大寒，音比无射。

加十五日指报德之维，则越阴在地，故曰距日冬至四十五日而立春，阳气解冻，音比南吕。

加十五日指寅则雨水，音比夷则。

加十五日指甲则惊蛰，音比林钟。

加十五日指卯中绳，故曰春分，则雷行，音比蕤宾。

加十五日指乙则清明，音比仲吕。

加十五日指辰则谷雨，音比姑洗。

加十五日指常羊之维，则春分尽，故曰有四十六日而立夏，大风济，音比夹钟。

加十五日指巳则小满，音比太簇。

加十五日指丙则芒种，音比太吕。

加十五日指午，则阳气极，故曰有四十六日而夏至，音比黄钟。

加十五日指丁则小暑，音比太吕。

加十五日指未则大暑，音比太簇。

加十五日指背阳之维，则夏分尽，故曰有四十六日而立秋，凉风至，音比夹钟。

加十五日指申则处暑，音比姑洗。

加十五日指庚则白露降，音比仲吕。

加十五日指酉中绳，故曰秋分，雷戒，蛰虫北乡，音比蕤宾。

加十五日指辛则寒露，音比林钟。

加十五日指戌则霜降，音比夷则。

加十五日指蹏通之维，则秋分尽，故曰有四十六日而立冬，草木皆死，音比南吕。

加十五日指亥则小雪，音比无射。

加十五日指壬则大雪，音比应钟。

加十五日指子，故曰阳生于子，阴生于午。阳生于子，故十一月日冬至。

《淮南子》是按“斗转星移”的原则，根据北斗星斗柄指向来确定二十四节气的，即“斗柄指东，天下皆春；斗柄指南，天下皆夏；斗柄指西，天下皆秋；斗柄指北，天下皆冬”。

古人智慧地用谚语来记录节气间的关系和节气对人们生活的影响，例如：“热在三伏，冷在三九”，讲的是夏至、冬至后第三个“九天”分别是一年中最热、最冷时候，正好就是大暑、大寒两节气；关于温度热冷的程度对生活的影响，“大暑小暑，有米懒得煮”和“大寒小寒，赶狗不出门”这两句谚语是最好的表达。谚语“种田无定例，全靠看节气”和成语“不违农时”则反映农作物等植物生长所需要的温度、湿度和光照等自然条件的变化规律，说明古时农业灌溉完全依托于天上降水与地上河流，直到现在，在我国降水充沛与江河水网发达的地区，人们仍按照节气配合温度、降水来从事农业生产。

二十四节气表达了人与自然宇宙之间独特的时间观念，蕴含着中华民族悠久的文化内涵和历史积淀，在我国影响深远。人们在日常饮食中讲究时令搭配，穿衣出行讲究时节变化，生产劳作也遵从节气的变化，在我国国粹中医体系中更是讲究节气对疾病的影响。为便于记忆，不同地域的人们根据本地生活习俗，编出朗朗上口的节气歌。

东北地区节气歌：

立春阳气转，雨水沿河边。惊蛰乌鸦叫，春分地皮干。
清明忙种麦，谷雨种大田。立夏鹅毛住，小满鸟来全。
芒种开了铲，夏至不着棉。小暑不算热，大暑三伏天。
立秋忙打靛，处暑动刀镰。白露快割地，秋分无生田。
寒露不算冷，霜降变了天。立冬交十月，小雪地封严。
大雪河封上，冬至不行船。小寒近腊月，大寒整一年。

长江中下游地区节气歌：

立春阳气转，雨水落无断。惊蛰雷打声，春分雨水干。
清明麦吐穗，谷雨浸种忙。立夏鹅毛住，小满打麦子。
芒种万物播，夏至做黄梅。小暑耘收忙，大暑是伏天。
立秋收早秋，处暑雨似金。白露白迷迷，秋分秋秀齐。
寒露育青秋，霜降一齐倒。立冬下麦子，小雪农家闲。
大雪罱河泥，冬至河封严。小寒办年货，大寒过新年。

巴蜀一带的《节气百子歌》：

说个子，道个子，正月过年耍狮子，二月惊蛰抱蚕子，
三月清明坟飘子，四月立夏插秧子，五月端阳吃粽子，
六月热天买扇子，七月立秋烧袱子，八月过节麻饼子，
九月重阳捞糟子，十月天寒穿袄子，冬月数九烘笼子，
腊月年关躲债主子。

秦汉时代的相风铜乌

第五节　相风铜乌

相风是“观测风”的意思，相风铜乌就是铜质乌鸦状风向器。这种仪器一般安装在专门观天象的地方，据记载汉灵台上就有。汉灵台的位置，据《三辅黄图》记载：“汉灵台，在长安西北八里，汉始曰清台，本为候者观阴阳天文之变，更名曰灵台。”汉灵台相当于现在的国家观象台。

相风铜乌是在一根5丈（约16米）高的直杆上放置一只衔着花的铜质乌鸦，外表装饰了黄金，雄踞园阙，下面有转动的枢轴，风吹时，铜乌会转过头来，迎着风，展开翅膀，好像要飞翔的样子，乌头所指方向就是风的方向，如现代的风向标一般可以随风转动。

风作为主要的气象观测要素，很早就为古人所重视。传说黄帝时代，已设“风后”专门测风。晋王嘉《拾遗记》中亦有“帝使风后负书”的说法，“风后”就是古时负责测风的“气象工作者”。古人最早使用的测风工具是一种名为“旒”的候风旗，就是有飘带的旗子。后来，为了增加测风的精确度，古人又发明了一种叫“綄”或“俔”的测风工具。綄，楚人称为“五两”，《淮南子》中记载：“辟若綄（俔）之候风也，无须臾之间定矣。”东汉学者高诱注称：“俔，候风者也，世所谓‘五两’。”为什么叫“五两”？就是用五两（也有用八两）重的鸡羽毛制成的綄挂到旗上，即使一点点风，綄都会飘动。綄还是古代作战部队必备，《兵书》称：“凡候风法，以鸡羽重八两，建五丈旗，取羽系其巅，立军营中。”

汉代的相风器，除“俔”和“相风铜乌”外，还有“铜凤凰”。铜凤凰主要安装在汉武帝所建的建章宫里。据《三辅黄图》记载，建章宫东的凤阙上装了两个，建章宫南的玉堂的璧门上装了一个，是装在屋顶上的，下面有转枢，风来时，铜凤凰的头会向着风，好像要飞的样子。铜凤凰既然“下有转枢，向风若翔”，当然可以作为风向器了。但是铜凤凰后来渐渐成了装饰品，失去了作为风向器的作用。

在三国魏时，洛阳西城上原东汉灵台处，曾建有“相风木乌”，也叫“候风木飞乌”。这大概是有鉴于汉代相风铜乌太重，不能灵敏感应风向，所以改铜为木。后来这个候风木飞乌被雷击坏了。晋代，相风木乌因为制造方便，也能指示风向，所以被广泛采用。

相风乌一直到清朝都在使用，是世界上最早的测风器之一，欧洲人到公元12世纪时才发明出类似的测风装置“候风鸡”。

2013年5月，世界气象组织建立了认定百年气象台站的机制。2017年，中国气象局也发布了《中国百年气象站认定办法》。中国百年气象站徽标使用的图案就是相风铜乌。

世界气象组织百年气象站徽标（上海徐家汇）

古琴

第六节　琴弦测湿

我国古人用琴弦当作原始的空气湿度测量仪器。东汉王充在《论衡·变动篇》中曾经谈到，琴弦变松，天就要下雨。琴弦变松，是天变潮湿、弦线伸长所造成的，表示空气湿度较大。元末明初娄元礼在《田家五行》一书中也说，如果质量很好的干洁弦线忽然自动变松宽了，那是因为琴床潮湿的缘故，出现这种现象，预示着天将阴雨。他还谈到，琴瑟的弦线的音调如果调不好，也预兆有阴雨天气，这其实也是因为弦线变松宽了，其音准敏感度降低了，合乎科学道理。

古代的琴弦都是蚕丝弦。用现代方法对蚕丝弦、钢丝弦、化纤弦的延伸性进行测量对比发现，蚕丝弦的延伸率最大可达8%，即一根有效弦长为110厘米的蚕丝弦可延长8.8厘米变为118.8厘米，变化是很明显的。而延伸率是指当琴弦达到定音高度后弦线出现的拉伸变形程度。延伸率大则使乐器音高稳定性差，造成音高逐渐降低。当湿度增大时，水汽会凝结到蚕丝弦上，重量增大，引起张力变大，导致弦的长度延长，出现音高降低；反之，湿度减小时，出现音高提高。以上即是琴弦测湿的原理了，这其中就蕴藏了可以根据弦线长短变化来测量空气湿度的原理。

根据琴弦测湿原理，清康熙年间，来华传教士南怀仁用小鹿的筋做成弦线，长约二尺、厚约一分，下挂重物，构成一个弦线湿度表。1683年，清初制器工艺家、物理学家黄履庄也利用弦线吸湿伸缩原理研制成功了“验燥湿器”，其“内有一针，能左右旋，燥则左旋，湿则右旋，毫发不爽，并可预证阴晴”。而且“验燥湿器”有一定的灵敏度，可以预证阴晴，因此是现代湿度计的先驱，也是现代毛发湿度表的前身。琴弦测湿方法的出现，直接印证了古人非常关注大自然中的各种现象，并通过观察常见之物的变化去认识自然，讲究人与自然的融合。

除了琴弦测湿外，我国古籍上还记载了其他观测“湿”的方法。《史记·天宫书》中记载了用土炭衡量“湿”的方法，即在冬至日将土、炭悬于天平两侧使其平衡，天气潮湿时炭会变重，使天平发生倾斜，由此来观测湿度变化。《淮南子·天文训》中记载：“水胜，故夏至湿；火胜，故冬至燥。燥故炭轻，湿故炭重。”则是只用炭的重量变化来衡量“湿”和“燥”，也就是空气中含湿气的多少。由上可见，古人对“湿”的观测，远古使用的是一种定性的观测方法，近代才有定量观测，因此称为“测湿”无“度”的记载。

郑和七次下西洋往返时间表及其抵达地区

序次	出发时间	返回时间	经行的主要国家和地区
1	永乐三年六月十五日（1405年7月11日）	永乐五年九月初二（1407年10月2日）	三佛齐、古里等
2	永乐五年九月十三日（1407年10月13日）	永乐七年（1409年夏末）	爪哇、柯枝、古里等
3	永乐七年九月（1409年10月）	永乐九年六月十六日（1411年7月6日）	爪哇、古里、忽鲁谟斯
4	永乐十一年十一月（1413年11月）	永乐十三年七月初八（1415年8月12日）	爪哇、古里、忽鲁谟斯
5	永乐十五年五月（1417年6月）	永乐十七年七月十七日（1419年8月8日）	爪哇、古里、忽鲁谟斯
6	永乐十九年正月三十日（1421年3月3日）	永乐二十年八月十八日（1422年9月2日）	满剌加、古里、忽鲁谟斯
7	宣德五年闰十二月初六（1431年1月）	宣德八年七月初六（1433年7月22日）	爪哇、古里、忽鲁谟斯

第七节　郑和下西洋中的季风运用

明永乐三年农历六月（公元1405年7月），航海家、外交家郑和率领一支由200多艘海船、2.7万名士兵和船员组成的船队，离开福建长乐太平港，开始第一次下西洋远航。这是人类有史以来组织的最大船队，直到第一次世界大战之前，没有任何一支船队的规模可以与之匹敌。此后，1407年、1409年、1413年、1417年、1421年、1431年，郑和又6次率领船队远航，到达36个亚非国家。郑和七下西洋，是中国这个古老的农业国家在海洋文明史上留下的壮丽辉煌的篇章。

郑和船队的航行动力主要来自季风的活动，所经地区也都是全球显著的季风区。季风，是随季节而改变方向的风。从航海时间表可以看出，郑和船队已经掌握了东南亚和印度洋的气压变化和季风规律。所以，郑和不仅是一位航海家，还是一位气象学家。

古人很早就开始认识“风”了。《吕览·有始》《地形训》《史记·律书》《说文解字》中均可见“八风”之说。《淮南子·天文训》中“何谓八风”详细记载了八风出现的时间。条风出现的时间是冬至后45日，随后每隔45日，风转换一次，八风转换顺序为：条风（东北风）→明庶风（东风）→清明风（东南风）→景风（南风）→凉风（西南风）→阊阖风（西风）→不周风（西北风）→广莫风（北风）。对应我国四季出现的时间，可知各个季节主吹风向是：冬季（北到东北风）→春季（东到东南风）→夏季（南到西南风）→秋季（西到西北风）。可见汉朝以前的古人已经观察、了解到了不同季节主导风的变化情况。到了唐朝，《乙巳占》占风图上列有24个风向的名称，人们对风的了解进一步加深。

现代气象学意义上的季风是指，由于大陆及邻近海洋之间存在的温度差异而形成的、大范围盛行的、风向随季节有显著变化的风系，具有这种大气环流特征的风就称为季风。大致来说，在东亚的中低纬度地区，冬半年盛行风为东北风，夏半年盛行风为西南风。受地形和地理位置影响，南海与印度洋地区的季风转换时间略有不同。南海地区一般从10月到来年3月盛行风为东北风，风力较强；印度洋一般从12月中至来年2月底盛行风也是东北风，但风力较弱。印度洋夏半年从3月中至9月以西南风为主，风力较强，而南海地区夏半年5—8月盛行西南风，风力较弱。总体来看，南海地区东北风来得早、结束得晚；北印度洋地区西南风来得早、结束得晚。正是由于地形造成季风转变时间差异，为郑和下西洋的航行提供了可能和有利的自然动力。

郑和下西洋，除了第一次夏季启航秋季返回外，其余6次都是在冬半年的东北季风期间出发，在西南季风期间归航，往返时间一般为一年半。这个特点主要是由船队根据季风的规律结合航线所决定的，同时也充分说明了古人对风的活动规律已经有了深刻的认识。郑和船队下西洋选择从福建长乐出发，是因为这里属于亚热带季风的稳定影响地区。7次航行的线路基本是：福建长乐→爪哇→苏门答腊→古里→忽鲁谟斯航线。要顺利完成航行，先后要利用北半球的亚热带东北季风、热带东北季风、南半球的热带西北季风、热带东南季风、北半球的热带东北季风和热带西南季风，整个航线需要利用的季风转变时间至少一年半。所以，郑和下西洋的航行往返时间至少18个月。

正是由于我国很早就对季风有了深刻了解，掌握了季风的变化规律，在帆船时代已经可以熟练利用季风远洋航行，才为郑和下西洋提供了自然动力，同时也体现了中华文明的博大精深。

清代《晴雨录》

第八节　《晴雨录》

《晴雨录》是清代逐日逐时记载的降水记录，现保存在中国第一历史档案馆。现存的《晴雨录》，开始记录时间为康熙十一年（1672年），当时只记录北京的降水情况。康熙二十四年（1685年）十月开始，全国各省陆续进行降水记录并奏报。档案馆保存最完整的是清雍正二年（1724年）至光绪二十九年（1903年）北京地区的降水情况，共180年，中间缺漏6年，实际记录时间为174年。此外，杭州、苏州和江宁（今南京）三地的《晴雨录》也有较长时间的资料被保存下来。虽然都是《晴雨录》，但四地记载的内容略有区别。杭州、苏州、江宁有逐日风向的记载，北京则不记风向。记录风向的三地中，杭州按北、东北、东、东南、南、西南、西、西北八个方位记载，苏州、江宁只记东北、东南、西南、西北四个方位。康熙年间，福建、浙江、山西、安徽也留存有部分《晴雨录》。

据《清会典》记载："钦天监掌观天象，设观象台于京城东南隅，凡晴雨风云雷霓晕珥流星异星皆察而记之。晴明风雨按日记注，汇录于册，为《晴明风雨录》。缮写满、汉文各一本，于次年二月初一日恭进。"观象台即今北京建国门立交桥西南的古观象台，《晴明风雨录》即《晴雨录》。《晴雨录》以传统的子、丑、寅、卯、辰、巳、午、未、申、酉、戌、亥12时辰为计时标准，按时记载降水情况，周而复始，昼夜不断。降水情况分晴、微雨、雨（或晴、微雪、雪）三级。没有定量的描述，级与级之间也无清楚的标准界限，但提供了一个完整的、系统的降水情况系列。

我国是农耕国家，历朝历代都很重视农业生产，降水多少、降水发生于何时、降水是否适时、气温如何，都对农作物收成有很大影响。古人在农业生产的实践过程中积累了不少天文历法知识，这些知识中就包含了不少气象元素，比如物候观测。我国现存最早记载物候的专著《夏小正》记录的是先秦时期传统农事历法，如按月适时安排的农事。史料研究表明，汉朝就开始有雨量情况记录。很可惜这些气象记录资料在年代更迭中已经丢失，如今存下来的只有中国第一历史档案馆内的大量明清两代全国各地上报降水情况的奏折和《晴雨录》了。

《晴雨录》的价值主要体现在两个方面。

一方面，现存《晴雨录》的记录起讫时间表明，我国开展有组织、系统性、全国性的气象观测时间始于1685年，比法国于1778年开始地区性有组织的气象观测早93年。这可以证明我国是世界上最早有组织地开展地区性气象观测的国家，并得到了世界上最早的气象观测资料。

另一方面，开展气候变化规律研究需要较长年代的气象记录，气象资料序列越长越有利于研究分析了解气候的变化规律。虽然我国是最早开展气象观测的国家，但是气象仪器观测记录却开始较晚。国内最早的有气象仪器观测的地区是北京，开始于1841年，但中断过多次，数据不连续；上海次之，开始于1873年；其他地方大多在晚清和民国初期以后才开始，比较完整的观测数据则在新中国成立以后，因此，我国只有近百年左右的气象数据可供气候变化研究。而《晴雨录》的记载可以增加降水的数据序列，使我国大面积的降水资料大幅向前延伸，也就是说，《晴雨录》的雨晴记录不但为研究我国近250年的降水变化提供了可靠的依据，还可供研究者反推多年的农业生产情况，因此是一份珍贵的气象观测历史资料。

1872年：

徐家汇观象台在上海成立

1912年：

中国第一个自办气象台
——中央观象台在北京成立

1916年：

最早由私人自办的气象台
——军山气象台在江苏南通建成

1920年：

中国高校开设气象课，成为
我国气象教育的开端

第二章 中国近代气象

1924年：

中国气象学会在山东青岛创立

1927年：

私立一得测候所在云南昆明创办

1928年：

中央研究院气象研究所在江苏南京成立

1941年：

国民政府中央气象局在重庆成立

1947年：

中国成为世界气象组织的创始国和公约的签字国之一

第一节 历经风雨的百年气象站

19世纪中叶开始，欧洲诸国和日本在中国建立了一些气象台站。有的台站历经风雨，至今仍然在观测。气象台站是重要的气象设施。长期观测站服务于当下和未来的长期高质量气象记录的需要，是全球气候与生态的忠实记录者，是不可替代的人类文化与科学遗产。世界气象组织认为，保护包括百年气象站在内的长期观测站是政府责任，于是建立了一套包括9项强制标准的百年气象台站的认定机制。2016年6月，世界气象组织执行理事会第68次届会通过了长期观测台站认定机制。

2017年5月17日，在世界气象组织执行理事会第69次届会上，首批60个世界气象组织百年气象站名单公布，中国呼和浩特、长春、营口气象站和香港天文台成功入选。2019年，世界气象组织在日内瓦向23个百年气象站颁发证书，其中包括中国的武汉、大连和沈阳3个气象站。2020年，北京、芜湖、青岛、南京、齐齐哈尔和澳门大潭山6个气象站，因建站历史悠久、多年致力于持续观测及推动探测环境保护，被世界气象组织认证为百年气象站。另外，早在2012年，为表彰中国徐家汇观象台连续140年收集长序列气候资料做出的突出贡献，徐家汇观象台就已经被世界气象组织认定为百年气象站。因此，截至2020年底，中国共有14个世界气象组织认定的百年气象站。

中国气象局紧抓世界气象组织认定百年气象站的契机，进一步加强气象探测环境保护，制定了《中国百年气象站认定办法》，于2018年开展中国百年气象站认定工作。获得“中国百年气象站”认定的台站，被列入中国气象站重点保护名录，获得地方政府保护承诺，确保长期开展气象观测，积累气候资料，在气候变化研究、生态文明建设中提供科学支撑。

2018年6月4日，大连国家基本气象站等首批433个“中国百年气象站”完成认定。其中，大连国家基本气象站等10个气象站为中国百年气象站（百年认定），泰山国家基准气候站等21个气象站为中国百年气象站（七十五年认定），丰台国家气象观测站等402个气象站为中国百年气象站（五十年认定）。2020年9月26日，第二批“中国百年气象站”名录公布，中国境内226个气象站获得认定。至此，我国百年气象站共计659个。这些至今仍坚持业务运行的气象台站，见证了百年来我国气象事业发展乃至整个民族兴衰巨变，为人类保留了一份长期的、高质量的气候遗产。

保护百年气象站，就是保护不可替代的气候遗产。100多年来，这些气象站坚持气象观测、积累基础数据，见证了近现代气象事业的发展与进步。当人们回顾这些气象台站的世纪沧桑，可以更加真切地感受到长期气象观测的艰难与重要，共同坚定保护气象设施和气象探测环境的决心，为延续源远流长的中国气象观测历史做出当代贡献，为完善全球气象观测资料做出中国贡献。

【策展手记：被掩埋的气象资料】

中国气象科技展馆（以下简称展馆）展陈的第一件实物是日本战败撤离营口时被掩埋的气象资料。

1904年，日俄战争爆发。日本政府为了满足战争需要，在营口设立第七临时观测所，为军事活动提供气象情报。日本人进行的气象观测一直持续到1945年战败投降。据营口台站档案记载，日本侵略者在战败逃离前，销毁了大量观测记录。直到2019年5月5日，营口气象局工作人员在旧址院内施工时，意外发现了日本侵略者焚烧掩埋的气象资料。资料被掩埋在约1.5米深的地下，整个堆积层的上下层均为碳化层，中间约10厘米为未完全燃烧层。资料掩埋的深度和燃烧程度，间接反映出当年日本侵略者仓皇逃离时的狼狈。

营口气象局向中国气象局捐赠了一部分挖掘出来的资料文物，用以馆藏展示。展馆设计组在将文物清洗、分层、风干之后，又请教学古日语的同事解读上面的文字，发现这份文物是当时类似于办公室存档用的登记表，记录着“今天氢气用完了”之类的信息，此外，还有一本写有侵华日军在东北观测站点的印刷物。

世界气象组织百年气象站掠影[①]

北京观象台（1724年）

北京古观象台

世界上现存最早的气象观测记录《晴雨录》，其观测地位于北京古观象台。2020年，北京观象台以近300年（1724—2020年）的观测记录，成为目前全球观测时间最长的百年台站。

武汉气象站（1869年）

1908—1920年的汉口海关大楼

1869年10月，英、美、俄等国在当时已开埠的汉口海关建起了汉口测候所，观测项目有24小时风向、风力，9时和15时的气压，最高、最低气温。

徐家汇观象台（1872年）

徐家汇观象台

徐家汇观象台成立于1872年，是一座集气象、天文、地磁观测等于一体的观象台，是国内最早开始的持续性现代气象观测，也是中国大陆第一座百年气象站。

香港天文台（1883年）

香港天文台主楼

1883年夏季，香港天文台正式创立，早期的工作包括气象观测、地磁观测，以及根据天文观测报告时间和发出热带气旋警告等。

① 按建站年代先后排序。详细信息可参阅《中国的世界百年气象站》系列书籍。

芜湖国家气象观测站（1886年）

1921年建有观测站的芜湖吉和街天主教堂

1886年，在外国商团的授意下，传教士在芜湖天主教堂内建立测候站，开展气象观测，当时观测的项目包括气温、气压、相对湿度、风向风速、云状、降水量、蒸发量、天气现象等。

大连气象站（1894年）

1904年位于乃木町二丁目的大连观测所

1894年1月，大连旅顺口老铁山灯塔同一地点建立了测候所，其1894年至1898年4月的观测资料是迄今为止见于史料的关于辽东半岛南端气象台站及其气象资料的最早记录。

青岛国家基本气象站（1898年）

1898年3月，德国海军港务测量部打着“谋港务及航运之发展”的旗号，在今青岛市馆陶路1号设立简易气象观测机构，命名为“气象天测所”。1905年10月迁至水道山。

齐齐哈尔国家基本气象站（1901年）

东北沦陷时期的齐齐哈尔观象所

齐齐哈尔国家基本气象站的前身为沙俄1897年（光绪二十三年）修建中东铁路时设立的气象观测所，1901年7月开始进行降水观测。

澳门大潭山气象观测站（1901年）

昔日的澳门气象台

澳门的气象观测自1901年开始，中间虽然因应社会变迁而需要迁移站点，但仍符合认可方包括观测站的“缺测期”“观测站搬迁”或“测量技术的改变均没有造成显著的气候特征变化”等严格要求。

南京气象观测站（1904年）

北极阁气象台

南京近代的气象观测始于1904年（清光绪三十年）10月，由驻南京的日本领事馆附带进行。1928年10月，北极阁气象台建成，气象研究所搬至同一地点。

营口气象站（1904年）

关东都督府时期的营口气象站

1904年8月5日，日本文部大臣指定在营口设立第七临时观测所。同年9月，第七临时观测所开始进行气象观测，10月起有了正式的气象记录。

沈阳观象台（1905年）

1905年奉天第八临时观测所

1905年，日本文部大臣指示，在奉天（即沈阳）设立第八临时观测所，观测项目有相对湿度、绝对湿度、降水量、天气现象、风向风速等，当时的观测资料保存至今。

长春气象站（1908年）

1919年落成的长春观测支所

1908年11月20日，关东都督府观测所在长春设立了“关东都督府观测所长春支所”，这便是长春气象站的前身。

呼和浩特国家基本气象站（1914年）

1953年建起的地面观测楼及地面观测场

呼和浩特国家基本气象站的历史最早要追溯到1914年9月13日。它由当时的绥远气象观测分所筹建成立，隶属于绥远省垦务总局和北京测候总所。

第二节　第一个自办气象台——中央观象台

看到外国人在中国土地上开展气象活动，有识之士提出，要发展中国人自己的气象事业。正如竺可桢先生所说：“欧美异邦，对于我国气候尚不惜巨资，深入腹地以求之，则我国人安能长此袖手任人越俎哉。”中华民国成立后，我国气象事业蹒跚起步，艰难发展。

1912年，新成立的民国政府接管了位于北京建国门立交桥西南侧的北京古观象台，改建为中央观象台，下设天文、历数、地磁、气象四科，隶属于中华民国教育部。中央观象台是我国自主创办的第一个气象台，不仅重视基础理论研究，而且重视实验工作，开展了天气预报、建设全国气象测候所、训练测候人员、创办气象期刊、进行气象科学研究等在中国气象史中具有开创意义的工作。

中央观象台的首任台长由比利时留学归来的高鲁担任。高鲁又邀请了在比利时获得农业气象博士学位的蒋丙然担任气象科科长。1912年12月，蒋丙然从比利时留学归来，在苏州执教。高鲁知其是人才，几次邀请他出任气象科科长。起初，蒋丙然认为自己学的是农业气象，对气象一知半解，屡次推辞。但是，高鲁最终以“谋中国气象事业之独立发展”的抱负激励、说服了蒋丙然，与自己一起走上创办中国近代气象事业的征途。

中央观象台气象科筹备之初就开始进行气象观测，到1913年时每日观测3次，1914年时日测4次，1915年时日测24次。观测内容有气压、气温、风、雨量、云量、云状、地温等。1915年，蒋丙然绘制了第一张中国人自己的天气图。国际上以近代气象观测网资料为依据绘制的第一张天气图诞生于1820年。1916年，中央观象台正式以天气图方法开展天气预报，每日分两次对外公布。每天上午9时，中央观象台在台内悬挂信号旗，供群众辨认。预报内容包括风向和天气，风向在旗上用西南、东北、西北、东南等8个方位做标记表示，旗底为蓝色；天气分阴、晴、雨、雪、雾等，分别以符号代表。晚间，则将天气预报报告各报馆公布。

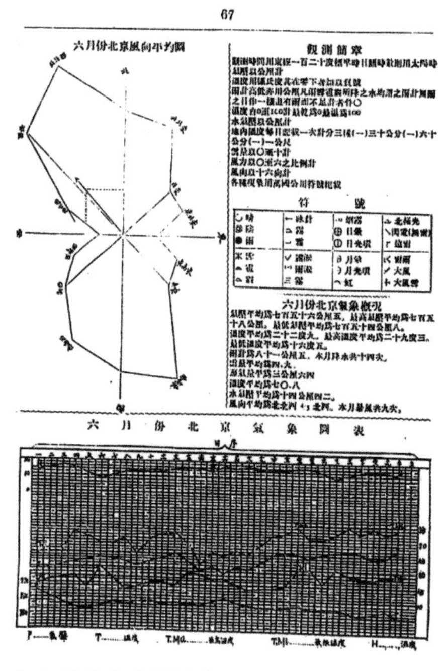

中央观象台观测记录

中央观象台气象科还担负着类似全国气象总机关的职责，如纂订观测规程，为地方、学校或其他部门的观测站配备和购置气象仪器、编译说明书、协助培训人员、指导业务工作等。1920年，蒋丙然拟定了《扩充全国测候所意见书》，计划在我国西部地区设立40个气象测候所，并提出了三点理由。其一，根据1918年国际航空条约规定，各签字国有义务征集并传布一切统计上或通常或特别的气象见闻。我国是签字国之一，对国际气象传递负有义不容辞的责任。其二，在台站建设方面，若自行放弃，由外人自行设立，则与我国主权有关，因此我国应当加速发展气象事业。其三，我国航空、农、商、工诸社会事业与气象的关系密切，扩充测候所非常必要。后来，北洋政府通过了建设10个测候所的预算，但实际只建成了3个，蒋丙然的设想没有完全实现。为了给新建立的测候所培养测候员，中央观象台分别在1921年和1923年开办了2期时长3个月的测候人员训练班，共培养40余人，主要分配到西北地区测候所工作。

为了向全国人民广泛宣传和普及气象知识，中央观象台从1914年7月起每月刊行一册《气象月刊》。这是中国最早的气象刊物，内容包括气象学译著、每月气象各要素统计图表、东亚各地气象状况等。1915年7月，《气象月刊》扩充为《观象丛报》，到1921年10月停刊，共发行75期，每期约长90～130页，主要栏目有图画、著译、报告、附刊等。

《观象丛报》所刊论文涉及天文、气象、历数、地磁、地震等各个方面，其中天文和气象所占篇幅最大。《观象丛报》所载的100余篇气象学文章大致可分为5类。第一类是气象学史研究，如竺可桢的《气象学发达之历史》、高鲁的《气象学与社会之关系》、蒋丙然的《气空之过去及未来》。第二类是对虹、晕和光环的研究，主要是蒋丙然和王应伟的相关文章。第三类是对风、云、雷电、雨、雪、雹等的研究，主要是蒋丙然、王应伟、胡文耀的文章。第四类是气象测候表，测候表包括对北京和全国其他城市气象要素的测候记录，北京的较为详细，其他城市的较简略。《观象丛报》各册均列有上月气象测候表。第五类是著作，《观象丛报》连载了蒋丙然的《通俗气象学》《航空应用气象学》《实用气象学》3部著作。《观象丛报》文章的作者基本上就是蒋丙然等几个人，这反映出当时国内气象人才十分匮乏。1922年，《观象丛报》改为专刊，《气象月刊》又重新出版并广泛流传。中央观象台用这些专刊与国内外300余家学术机构进行交换，促进了国内外气象学界的沟通与交流。通过交换获得的刊物和资料，中国气象学者能够及时了解当时先进的气象思想、理论和成果，这对推动我国近代气象学的发展起到了有益的作用。

中央观象台于1929年改为天文陈列馆，共存在了18年。经过高鲁、蒋丙然等学者的励精图治、锐意革新，中央观象台取得过辉煌的成绩，是我国现代天文、独立气象事业的发端。事实上到1926年左右，由于北洋政府财源枯竭，中央观象台已陷入长期欠薪、经营惨淡的状况，其下所设的各测候所也因经费无着而次第停办。1927年，国民政府定都南京后，高鲁和竺可桢共同负责中央研究院下属的观象台筹备委员会，后主持创建了紫金山天文台，而蒋丙然已于1924年2月调至收复后的青岛观象台任台长。

第三节 破茧成蝶的青岛观象台

随着两次世界大战和中华民族的兴衰，青岛观象台先后经历了德国占领时期（1898年3月1日—1914年11月11日）、两次日本占领时期（1914年11月11日—1924年3月1日，1938年1月10日—1945年8月15日）。

德国最早于1898年3月1日开始，为了谋求港务和航务的发展，在青岛开展气象观测，后成立独立的气象机构，定名为青岛气象观测所。1905年，该所迁址至水道山（观象山），每日进行3次气象观测记录。1909年之后观测项目增多、业务活动加强，逐渐为世界所重视。1911年1月1日，德国政府将其更名为皇家青岛观象台。

1912年竣工的七层石砌观象大楼原貌

1914年11月11日，日本占领青岛，青岛观象台开始由日本海军要港部管辖，以搜集我国气象和海洋情报，服务于其军事掠夺的目的。它先后增加气象观测的次数，并增加日照、蒸发、云向、云速等气象要素观测项目，还在青岛市郊多处开始气象和海洋观测。

1922年12月，中国政府对青岛恢复行使主权，青岛观象台的接收提上议事日程。竺可桢1923年的文章《青岛接收之情形》记述了当年之事。1922年12月10日，蒋丙然同竺可桢、高均前往青岛与日本商谈接收事宜，双方交涉时遇到了语言问题，蒋丙然使用法语且不懂英语，日本负责人说夹杂着英语的日语，并不能达成切实的交涉。另外，

蒋丙然等在青岛建设的天文台外景

中方全部接收维持观象台正常工作至少需要10人，需要从外地抽调，不能立刻到位，实际上政府也没做好维持观象台的物质准备。我国政府直到1924年3月1日才正式全部收回青岛测候所的主权，蒋丙然出任所长，将气象观测增至每日24次。1924年，青岛测候所改称胶澳商埠观象台，下设气象地震、天文磁力两个科和一个事务处，蒋丙然改任台长，并兼任气象地震科科长。

1924年3月1日至1938年1月10日，青岛观象台收回后的14年里，在蒋丙然的领导下开展了许多气象业务和有国际影响力的科研活动。在气象业务方面，他们改进和发展气象工作，包括扩充和完善气象观测、积极做好航运预报、开展天气预报的研究工作、建立郊区和岛屿测候所；开拓中国近代海洋事业，创立青岛观象台海洋科、实行近海测量、观测和推算潮汐、建立海洋理化实验室、考察海洋生物、注重海洋学研究和图书资料收集、建立青岛水族馆、设立海滨生物研究所；加强天文观测和设备更新、进行地震测量、普测山东沿海地磁力。在科研活动方面，他们参加了第四届、第五届太平洋学术会议和远东气象台台长会议；参加了由法国组织的第一届“万国经度测量”活动和比利时独立100周年纪念博览会，颇得国际称誉；应国际极年学会的请求，筹办青岛高山气象观测，设立高山测候所，积累了系统的高山气象资料；建立观象图书馆，到1933年以后，所藏图书不下数千册，图书馆也初具规模；奖励学术研究和出版书刊，从1924年3月起出版了《气象月报》《海洋半年刊》《天文半年刊》《观象月报》《高空观测报告》（年刊）、《青岛日历》（年刊）、《青岛节候表》等刊物。

中华民国二十四年出版的《气象杂志》

这一时期，中央观象台日渐式微，青岛观象台异军突起，成为事实上的全国气象中心，承担了很多全国性气象工作。一是倡导、组织和参加中国气象学会活动。1924年10月10日，为谋求“气象学术之进步与测候事业之发展”，青岛观象台发起组织成立中国气象学会，蒋丙然任首届会长。二是建设全国测站网。中国气象学会成立后，多次以学会的名义请政府兴办中国各地气象测候所。蒋丙然在《二十年来中国气象事业概况》（1936年发表）一文中提出我国气象事业发展的10条目标，主要是关于我国气象台站网建设、气象人才、气象仪器等方面。三是培养气象人才。青岛观象台收回后，每隔一两年招考练习生一次，学习两年，培养了不少气象毕业生。1935年，中央航空委员会选派学生30余人送青岛观象台训练，青岛观象台随即成立训练班，所开设课程注重理论与实际并重，学习3个月，结业考试不及格者不发毕业证书，以期为空军培养一批测候人才。青岛观象台还与青岛大学合作增设“气象班”，后成立天文气象组。

1938年1月10日，青岛观象台再度被日本占领，直到1945年12月才又被收回。再次收回后的青岛观象台由王彬华任台长，同时他还兼任青岛水族馆馆长、海洋研究所所长，全面组织开展气象、天文、地磁、地震、潮汐、海洋生物、海洋理化等诸方面的业务，并编辑出版书籍和刊物，进行国内国际学术交流等，开创了青岛观象台新高峰。1949年6月2日，青岛解放，青岛观象台由中国人民解放军青岛军事管制委员会接管，全员留任。

第四节 初创于青岛的中国气象学会

中国各门类自然科学学会的成立，始于19世纪末中国科学社的成立。上海徐家汇观象台于1882年组织过一个气象学会，召开年会进行学术交流和出版气象学术报告，1898年停止活动。

经高鲁、蒋丙然、竺可桢、彭济群、常福元等人函商，1924年10月10日，中国气象学会以“谋求气象学术之进步和测候事业之发展”为宗旨，在青岛胶澳商埠观象台召开成立大会。16名个人会员参加成立大会，大会推选蒋丙然为首任会长，彭济群为副会长，竺可桢等6人任理事，高恩洪、张謇、高鲁3人为名誉会长。学会最初的会员分为团

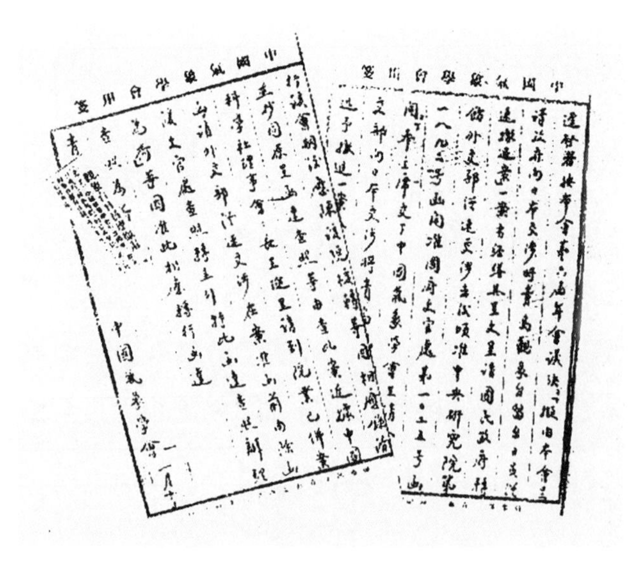

中国气象学会成立时订立的章程

《中国气象学会会刊》创刊第一期

体会员和个人会员，团体会员为发起学会的团体，初始创会个人会员来源于我国早期气象机构工作人员、胶澳商埠农林事务所工作人员、中国科学社社员、中华教育改进社社员、中国天文学会第一届会员（11名）、胶澳商埠观象台职员。

创会后，中国气象学会从1924年10月18日到1925年8月6日密集召开了八次理事会，商定了学会职员推举、上级政府部门备案、学会规章制度、会议召开、刊物出版、会徽、中国各地气象测候所兴办等诸多创建事宜。在当时还没有全国统一气象机构的情况下，中国气象学会实际上履行了一部分管理全国气象机构的职能，如推动全国气象学术发展和全国气象测候所工作等。

新中国成立前，中国气象学会举办年会（共15届），内容包括学术演讲、报告会务、讨论提案、修改会章、选举学会领导人、宣读论文、介绍并通过新会员、决定理事会干事部所在地等；编辑发行《中国气象学会会刊》，后相继改名为《气象杂志》《气象学报》，所刊载的文章代表了当时国内气象研究的最高水平；组织史镜清奖金征文事宜，史镜清是我国第一个以身殉职的气象工作者，竺可桢呈请国立中央研究院设置此奖，学会受托组织相关事宜；以会议提案和决议形式推动中央气象局的建立。此外，中国气象学会还在气象科普、气象教育、统一气象规范、国内国际气象交流等方面做出了贡献。

中国气象学会成立十周年合影

1951年4月15—19日，中国气象学会在北京中央人民政府人民革命军事委员会气象局召开新中国成立后的第一届代表大会，选举产生了新中国新一届由18人组成的理事会，竺可桢任理事长，涂长望任副理事长，李宪之、张乃召、张宝堃、赵九章、顾震潮任常务理事。新修订的宗旨为：团结气象工作者从事气象学术研究，交流学术经验，谋气象知识之普及与提高，为新民主主义文化经济建设而努力。在此之前，中国气象学会已经在南京、北京、上海、山东、成都、云南、重庆成立7个地方分会和两个分会筹备会。

1951—1978年，中国气象学会继续出版《气象学报》，新出版《天气月刊》《气象译报》《气象月刊》《气象译丛》等；编订气象学名词；从事气象科普，如1963年科学普及出版社出版了竺可桢和宛敏渭合著的《物候学》等，科普效果很好；组织学术会议，包括学会年会、分支学科专题讨论会等；开展国内国际学术交流，交流内容从过去以气候学与天气学为主发展到包括气象科学各分支学科，推动了国内气象科学领域各分支学科的发展。

1978年3月18日，经中央气象局批准，叶笃正任学会第十八届理事会理事长，吴学艺、程纯枢任副理事长，张乃召任名誉理事长。4月，根据《全国科学技术规划纲要》精神，省级气象学会开始重建。重建后的省级气象学会受当地科协和省（自治区、直辖市）气象局党组领导，挂靠在各省（自治区、直辖市）气象局，体制一直延续至今。在12月召开的中国气象学会年会上，针对国内科技发展的实际，提出实现气象事业现代化的5条原则性意见：一是培养人才，组成一支高素质的气象科技队伍；二是拥有先进的技术装备和手段；三是具有国际水平的基础理论研究和应用开发研究；四是建成现代化的气象管理体系；五是建设及时高效的服务系统。

改革开放后，中国气象学会恢复出版《气象学报》（中文版）（英文版），负责编辑《气象知识》《学术会议论文摘要》《中国气象学会会训》等；从第十八届理事会开始设立专业委员会，到二十六届理事会所属委员会增至40个；打造了气象日纪念活动、青少年气象夏令营、气象台站开放、气象科普基地建设等气象科普品牌，推进气象科普社会化；建立青年工作制度、设立涂长望青年气象科技奖、举办全国优秀青年气象科技工作者学术研讨会等；组织海峡两岸气象科技交流；与美、日、韩等国气象学会进行合作交流；开展气象科技服务。

纵观中国气象学会三个阶段的发展，从创立阶段承担部分全国气象行政机构的职能，到建立各省分会和越来越多分支委员会，其在促进气象科普和气象各分支学科向纵深发展方面取得了丰硕的成果。

第五节 硕果累累的气象研究所

北极阁

1927年，国民政府在南京创立大学院，大学院下设国立中央研究院。1928年春，国立中央研究院独立，并设立观象台筹委会。1928年2月，观象台筹委会分为气象和天文两个研究所，竺可桢任气象研究所所长。1928年12月，荒山变成气象基地，北极阁气象台建成。作为气象研究所的所址，北极阁也成为中央研究院理想的科研基地，中央研究院决定将其所属的各研究所尽量集中到北极阁周围。

1928年创建后，中央研究院气象研究所经过近10年的发展，在仪器设备、图书刊物、人员素质、业务范围、科技水平和国际影响等方面早已超过当时外国人在我国创办的、规模最大的上海徐家汇观象台，成为我国气象研究的中心和实际上的业务指导中心，也是气象人才培养的重要基地，奠定了我国现代气象事业的基础。

中央研究院气象研究所开展的第一项气象业务是气象观测，包括地面、高空、物候、地震等项目，并从1928年开始搜集和整理全国的气象观测记录，编印《气象月刊》《气象季刊》《气象年报》，定期出版观测资料。第二项业务是天气预报和预警。气象研究所从1930年1月1日起，开始绘制天气图，发布天气预报和警报。东亚天气图开始时仅有40多个站点，1937年增加到322个，而且气象电报的信息量和传递时效也有很大提高。

气象研究所作为民国时期中国气象科学的最高学术研究机构，取得了丰硕的研究成果。当时气象学家们的研究主要集中在气候学、天气学、大气环流、动力气象学方面。比如，竺可桢主要研究季风、台风、物候学、气候变化、区域气候、农业气候、中国气象史等，李宪之主要研究寒潮和台风，涂长望主要研究我国长期天气预报，赵九章、叶笃正主要研究动力气象学。1935—1945年，气象研究所的学者们在中国气象学会会刊《气象杂志》发表论文180篇。

在对外科技合作与交流方面，气象研究所参加了始于1927年的西北科学考察活动。1932年，在竺可桢先生的主持下，我国参加了国际气象组织第二届国际极年活动（1932年8月1日—1933年8月31日），世界气象组织的大家庭，第一次读到了来自中国的信息。中国的气象成就产生了很大的国际影响，1935年出版了《峨眉山泰山国际极年观测报告》。1933年8月，第二届国际极年观测期满后，竺可桢到泰山考察，决定在日观峰另建新站，使之成为我国第一个永久性的高山气象站。

1928年10月1日，北极阁观象台正式开始观测。根据《全国设立气象测候所计划书》，中央研究院气象研究所于1929—1941年10余年间，在全国筹建直属测候所28个，并领导制定了统一的气象台站技术规范。这20个直属测候所包括：接管3个，独立创办9个，与航空公司合作创建4个，与水利处合作创建12个。从泰山测候所转址扩充而来的泰山日观峰气象台是独立创办的其中之一。除了接管、独立和合作创建，竺可桢还倡导各省政府筹建区域测候所，到1937年，我国至少有气象台站139个，达到较大的规模。

1940年，竺可桢在中央研究院一届五次评议会上提出“建议政府资助气象研究所建设西南测候网的提案”（提案人：竺可桢；连署人：傅斯年、任鸿隽、周仁、陈焕镛、叶企孙），建议中央研究院提请政府资助，从西南三省开始建立测候网，再逐步在全国推进。提案中说“兹为节省经费计，拟请本会建议政府资助气象研究所先行推设西南诸省（当时西南包括四川、贵州、西康三省）测候网，以图逐步推进。抗战以来，西南诸省建设猛进，资源亟待开发，故建设全国测候网拟请自西南始”。气象研究所还多次呈请中央研究院出面，召开3次全国气象会议，讨论共同关心的测站建设与统一业务技术规定等问题。

中央研究院气象研究所在南京先后创办了4期气象学习班，共培养近百名测候技术骨干，其中较为知名的有顾钧禧、朱岗昆、宛敏渭、杨鉴初、赵恕、陈学溶等。

据第3期学员陈学溶回忆，第1期学习班开始于1929年3月11日，结束于4月20日，学员14人，由航空署、陕西、河南、甘肃省政府保送，但学员们后来大多没有从事气象工作。

第2期开始于1931年4月1日，结束于12月26日。课程有数学、物理、理论气象、实验气象和英文。学员40人，公开招考录取27人、保送13人，毕业25人，15人退学。毕业后，保送生回原单位，招考生分配到其他测候所工作。第3期开始于1934年10月3日，结束于1935年3月26日。课程与第2期相比，减少英文，增加无线电。教师全为气象研究所职员，竺可桢自编讲义亲授气象学。学员43人，招考30人、保送13人，毕业32人。招考生中的28名毕业生均根据本人志愿和工作需要分配在本所或各地测候所工作，且此后大部分人长期从事气象工作。第4期开始于1936年11月30日，结束于1937年2月1日，录取6人，备取3人。

抗日战争全面爆发后，侵华日军于1937年8月15日开始空袭南京。气象研究所先是留守天气预报、观测部分人员，12月被迫全员迁往武汉，再分批迁往重庆，后又迁往北碚。1940年12月搬到竣工后的北碚象山所址，气象观测、天气预报业务逐渐恢复正常。抗日战争结束后，气象研究所于1946年9月搬回南京北极阁。全面内战爆发后，气象研究所一度迁至上海，后又迁回北极阁。新中国成立后，1949年11月1日，中国科学院成立。1950年6月，中国科学院合并原气象研究所和原中央研究院的地磁、地震部分，组成地球物理研究所，赵九章任所长。1966年2月，气象科学部分从原地球物理研究所分出，另组建大气科学研究所。现在的南京北极阁为江苏省气象局所在地。

左：气象学习班第3期毕业学员合影（1935年3月）前排左起3-10：朱国华、樊翰章、金咏深、涂长望、竺可桢、吕炯、诸葛麒、薛铁虎

右：1938年涂长望等在重庆珊瑚坝机场迎接竺可桢，左起依次为胡焕庸、竺可桢、吕炯、程纯枢、涂长望

第六节　全国民用气象之最高机关——中央气象局

1941年，南京国民政府在重庆成立了中央气象局。在这之前，中国没有统辖全国气象事业的行政机关。全国测候网的规划与建设、气象人才的培养、气象统一标准的制定等全国性气象事务，实际上是由中国气象学会和中央研究院气象研究所兼顾。中央气象局成立后，成为当时“全国民用气象之最高机关”，负责统一规划、协调、管理全国的气象事务。

为改变中国气象事业落后的状况，1937年4月，中国气象学会联合青岛观象台、航空委员会第二测候所、浙江省政府、江西水利局在第三届全国气象会议（由中央研究院气象研究所召集）上提出成立全国气象行政机关的提案，得到全体代表的赞同，并形成了专门的决议。1937年5月1日，筹组中央气象局委员会第一次会议在南京北极阁召开。会议决议“请行政院积极筹设中央气象局，在气象局未成立前，暂行授权中央研究院气象研究所统辖全国测候事业，并拨予补助经费”。不料两个月后，日本发动了侵华战争，筹设中央气象局一事就被搁置下来。

1939年气象研究所迁至重庆北碚后，由于当时抗日战争进入战略相持阶段，战局有所稳定，筹建全国气象行政机构一事又被提出。1941年初，经中央研究院评议会研究，正式将筹设气象行政机构的要求转呈国民政府，3月，最高国防委员会第57次常委会研究通过。7月，行政院又召开有关部门参加的会议进一步审议，一致赞同定名为“中央气象局”，隶属行政院。8月，行政院通过《中央气象局暂行组织规程》。10月，综合全国气象行政事宜的中央气象局在重庆沙坪坝正街6号宣告成立，开始由黄厦千任局长，后吕炯、李鹿苹继任，先后隶属于行政院、教育部、交通部。按照《中央气象局暂行组织规程》《中央气象局所属气象台站测候所及雨量站组织规程》安排内部机构设置和下属台站所的设置，成立南京气象站和中央气象局南京办事处。

中央气象局成立后，接办气象研究所所属的17个测候所，后通过接收和增设，到1947年增至52处，还有雨量站66处。接收沦陷区各级测候所站、东北区气象机构、上海徐家汇天文台测报业务、青岛观象台、国防部二厅气象总站和分站等后，中央气象局以局为枢纽，组织全国气象台站网，将全国划为9个区，每区设一区台，作为该区预报、测报中心，各区下设气象站所。据中央气象局1948年9月统计，全国气象台、站、所共123个。但是站网的设置比较稀疏，也不尽合理。

中央气象局成立后，采取不少措施进行业务管理，并组织开展了地面观测、高空测风、天气预报、天气情报的传送、气象服务等气象业务工作。当时，中央气象局直属及各省市水利农林机关所属测候所共按月汇报气象记录247份，其中测站144份、海关所16份、水文站42份、雨量站45份。

第七节 世界气象组织创始国之一

世界气象组织（World Meteorological Organization，WMO）是联合国的专门机构之一，其前身是诞生于1873年的国际气象组织（International Meteorological Organization，IMO）。

我国很早就开始参与国际气象合作。早在1873年，时任中国海关总税务司司长赫德（英国人）就指派中国海关驻英国首席代表金塔干（英国人）代表中国，出席了9月在维也纳召开的气象国际会议。在中央观象台初创的1913年，日本东京天文台在东京召集东亚气象会议，只邀请了香港天文台、徐家汇观象台、青岛观象台等由外国人执掌的气象台参加，竟未邀请中央观象台。中央观象台台长高鲁多方询问未果后，自备路费前往东京，后经驻日公使介绍才得以旁听，经徐家汇观象台台长引荐才得以发言。1930年，竺可桢出席了远东气象台台长会议，1933年又参加了第二届国际极年活动等。

1947年，45国气象局局长会议在美国华盛顿召开，这次会议通过了世界气象公约草案。中央气象局局长吕炯和技正卢鋈等5人受委派参加了1947年的会议，因此中国是世界气象组织的创始国和公约签字国之一。1950年3月23日这一公约正式生效后，国际气象组织更名为世界气象组织，并在1951年成为联合国的专门机构。于是，1960年6月，世界气象组织通过决议，把每年的3月23日定为世界气象日。每年世界气象日，世界气象组织和国际气象界都会围绕一个相关主题，举行纪念或宣传科普活动。

1949年新中国成立，由于中央政府的更迭，按照国际惯例，中国在世界气象组织的代表权自然应属于新的中华人民共和国政府。为此，1950年5月12日，周恩来总理曾以外交部部长名义致电世界气象组织代秘书长斯渥波达及联合国秘书长赖伊，说明中华人

国际气象组织气象局长会议合影

民共和国中央人民政府是我国唯一合法政府，蒋介石政府已完全没有资格代表中国。然而由于美国等国家的阻挠，我国在世界气象组织的合法席位和我国在联合国的合法席位一样，长期被台湾当局占据。

1955年2月，世界气象组织在印度首都新德里召开第二区域（亚洲）协会的第一届大会。我国驻日内瓦总领事馆及驻印度大使馆分别与世界气象组织秘书处及第二区域（亚洲）协会第一届大会的东道国印度政府交涉，要求大会驱逐台湾当局代表并恢复我国合法席位，并说明我国政府准备派代表团去印度参加大会。虽然，我们的要求得到了当时印度政府的同情和支持，但终因世界气象组织未正式恢复我国合法席位而未果。对此，当时中央气象局局长涂长望曾于1955年1月26日、2月6日两次奉命致电世界气象组织代秘书长斯渥波达，发表了严正声明并提出了抗议。1955年4月，第二次世界气象大会在日内瓦召开期间，周恩来总理再次以外交部部长名义致电世界气象组织代秘书长斯渥波达转大会主席，提出了同样的声明和要求。

按照世界气象组织“公约”的规定，要吸收新会员或解决“会籍”问题，必须由世界气象大会以三分之二多数通过。大会闭会期间则可以由通信投票的方式来表决。1971年10月，联合国大会恢复中华人民共和国合法席位后，世界气象组织秘书长戴维斯即通报我国驻瑞士外交机构，他将采取行动，使中华人民共和国早日参加世界气象组织的活动和工作。戴维斯与当时世界气象组织主席塔哈（埃及气象局长）以及部分执行委员磋商后，决定以通信投票方式来解决中国的合法席位问题。1971年11月26日，世界气象组织秘书长戴维斯致函各会员国外交部部长，并附一表决票，议题是“第26届联大于

1972年2月25日，世界气象组织以通信投票方式通过决议，恢复我国在该组织的合法席位，承认中华人民共和国的代表为中国在世界气象组织的唯一合法代表。图为中央气象局副局长张乃召（前排左一）率团访问世界气象组织，与秘书长戴维斯（前排左二）合影

1971年10月25日通过的恢复中国在联合国大会的合法席位的决议也适用于世界气象组织"，各会员国可以投赞成票、反对票和弃权票，表决票必须由各国外交部部长签署方有效，投票期为90天，到1972年2月24日为止。投票结果是：发出表决票123张，共收回99张，其中赞成票70张、反对票21张、弃权票8张。世界气象组织秘书长于2月25日致函各国外交部部长，通报了投票结果，并宣布中华人民共和国的代表是中国在世界气象组织中的唯一合法代表。

1973年1月19日，中华人民共和国代主席董必武以国家元首身份正式批准了世界气象组织公约。批准书以姬鹏飞外长名义寄世界气象组织秘书长戴维斯，由他转交给美国国家档案馆。至此，我国完成了全部进入世界气象组织的程序。世界气象组织是联合国所属的十几个专门机构中第一个正式批准我国政府加入的专门机构。

1973年春，中央气象局副局长张乃召被补选为世界气象组织执行理事会成员。从这一年起，我国开始正式参加世界气象组织的会议和活动。进入世界气象组织，为我国气象工作打开了一条通向国际的通道。

第八节　辗转西迁的气象人

抗日战争时期，浙江大学、武汉头等测候所、中央研究院气象研究所、西南联合大学的气象学人被迫辗转西迁，不屈不挠地在我国西部贵州、四川、云南等地继续发展气象教学科研、观测预报和气象台站网建设事业，并且推动了中央气象局的成立。

1936年4月，竺可桢出任国立浙江大学校长，在浙江大学建立史地学系，并在史地学系设立气象组，发展气象学。1937年，抗日战争全面爆发后，浙江大学被迫西迁，竺可桢带领浙江大学师生从浙江杭州出发，举校4次西迁，辗转6省6地，历时两年半，行程2600多千米，于1940年相继抵达贵州遵义、湄潭、永兴。直到1946年，才全校复员回杭州。西迁后的浙江大学获得了“东方剑桥”的美誉，到访过西迁浙江大学的英国剑桥大学李约瑟博士这样评价当时的师生：“他们的教学和科研活动，依然是那么井井有条，他们的精神面貌依然是那么的热情向上。”

竺可桢在湄潭作报告

西迁后，竺可桢和史地学系教师一起坚持开设与气象有关的课程，为我国保护和培养了一大批气象、地理、冰川、海洋等方面的杰出尖端人才，并留下了珍贵的气象观测资料。竺可桢闻名中外的文章《二十八宿起源之年代与地点》也是在这一时期完成的。

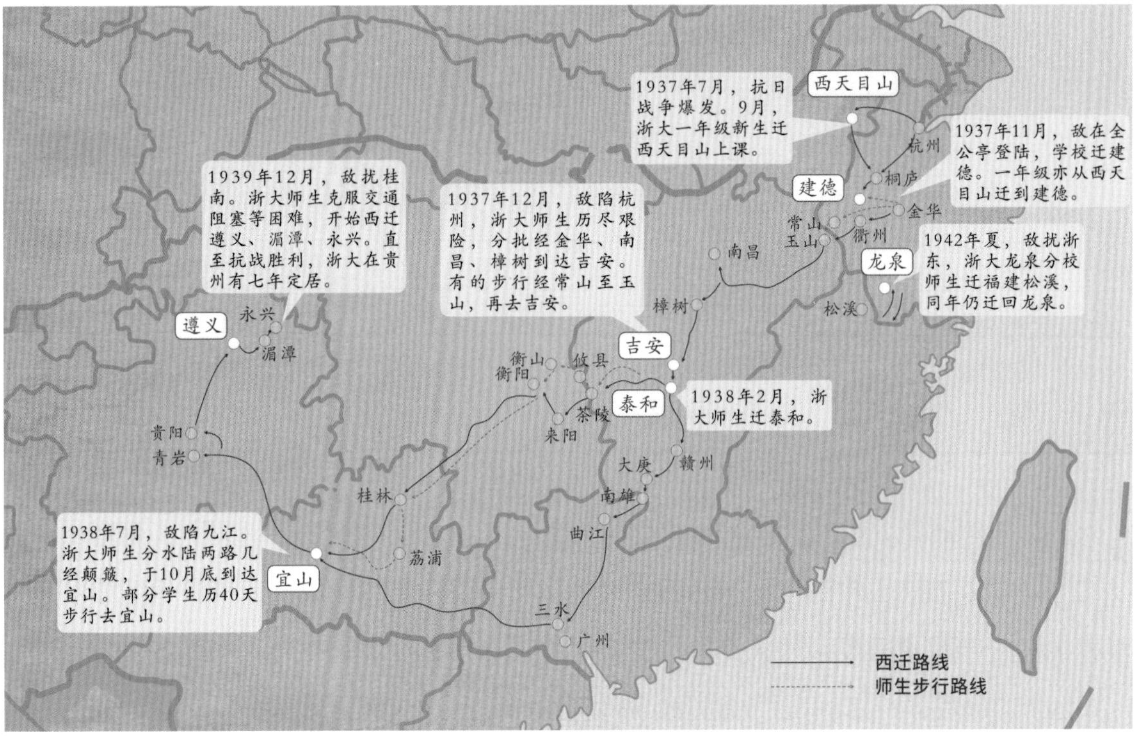

浙江大学西迁路线示意图

当时，中央研究院气象研究所武汉头等测候所也追随浙江大学迁移，1938年夏从湖北武汉出发，经过湖南、广西、贵州3省，于1940年3月抵达贵州湄潭，与浙江大学史地学系共同坚守我国气象事业的发展。

抗日战争全面爆发后，中央研究院也开始被迫西迁。从1937年始，中央研究院气象研究所分别搬迁汉口、重庆颖庐、重庆北碚，到1940年才结束3年多居无定所的局面，在重庆北碚郊区的水井湾高岗（象庄）建立所址，地面观测、天气预报、高空测候等业务次第恢复正常，直至1946年9月全所搬回南京北极阁旧所址。其间，1944年赵九章接任气象研究所代理所长（1946年底正式担任所长）。当时，还有很多研究所人员在各地支持航空气象服务，为抗战做好气象服务。

气象研究所迁至重庆后，开始建设中国西部地区测候所。1938年10月，拟议“呈请政府资助气象研究所添设中枢气象行政机构，建设西南测候网”，提交最高国防委员会审议，战前提出的“统筹全国气象行政事宜”的议题又被重新提到议事日程。1941年3月，中央气象局成立。1941年10月，气象研究所拟定了与中央气象局的合作大纲。

抗日战争时期，在西南大后方为祖国保存气象火种的还有西南联大。1938年4月，北京大学、清华大学、南开大学在湖南长沙组成的“国立长沙临时大学”西迁至昆明，改称“国立西南联合大学”，即西南联大。1946年7月三校北返。1946年10月，清华大学在地学系基础上成立气象系，李宪之任系主任。只存在过8年多的西南联大是中国高等教育史上的丰碑。

西南联大地质地理气象学系下设地质、地理、气象三个组，教师阵容强大，其中有德国哥廷根大学的米士教授。米士教授1932年获地质学博士学位，1936年加盟西南联大。另外，大部分中国籍教授都具有美、英、德等国留学背景。气象学方面的教师有李宪之、赵九章教授，当时两人都是30出头的青年才俊。还有毕业于清华大学地学系气象组的刘好治、谢光道、高仕功三位助教。

在西南联大任教过或毕业于西南联大气象组的知名师生有：赵九章、叶笃正、谢义炳、李宪之、朱和周、谢光道、王宪钊、顾钧禧、顾震潮等。西南联大前和后在清华大学任教或毕业于清华大学的气象专业知名师生有涂长望、程纯枢、么枕生、张乃召、汪国瑗、朱抱真、章淹、仇永炎、郭晓岚等。2004年10月18日，中国气象学会成立80周年之际，曾授予26位健在的气象前辈“气象科技贡献奖”，包括清华大学和西南联大师生10人：么枕生、仇永炎、王世平、王式中、叶笃正、刘好治、朱抱真、李良骐、赵恕、葛学易。

毕业学校及院系	毕业时间	毕业学生姓名
清华大学地学系（13人）	1934	李良骐、刘汉、刘玉芝
	1935	彭平
	1936	程纯枢、么枕生、汪国瑗、张英骏、王钟山
	1937	郭晓岚、张乃召、刘好治、蒋金涛
西南联大地质地理气象学系（33人+1人）	1938	谢光道、亢玉谨、万宝康、周华章、钟达三、陈鑫
	1939	高仕功、孙毓华、何明经、白祥麟
	1940	叶笃正、谢义炳、彭究成、冯秉恬、朱和周、程传颐、宋励吾
	1941	王宪钊、徐淑英、钱茂年
	1942	黄衍
	1943	李叔庭、莫永宽、钱振武、何作人
	1944	曹念祥、张文仲、罗济欧
	1945	刘匡南、秦北海、贺德骏、李廉、顾震潮（研究生）
	1946	江爱良
清华大学气象系（12人）	1947	章淹、仇永炎、严开伟、葛学易
	1948	周琳、洪世廉、唐知愚、陈滨颖
	1949	朱抱真、王世平、王余初、胡人超

清华大学及西南联大气象系毕业学生名录（1934—1949年）

1937-1946年西南联大地质地理气象学系气象组专业课程表

西南联大地质地理气象学系气象组专业课程表（1937—1946年）

第九节　珍贵的私人气象台

民国时期，除了政府主办的全国性气象事业外，华北、东北、华东、华中、华南、西南、西北等地区也开展了具有地方特色的气象观测、气象服务和气象科研工作，在江苏南通和云南昆明还出现了2个私人测候所。

军山气象台

中国私家气象台的鼻祖——南通军山气象台

南通军山气象台是我国最早由私人自办的气象台，早于南京北极阁气象台11年，更早于镇江北固山气象台18年。1903年，清末状元、著名的实业家、教育家张謇应邀参观日本第五次国内劝业博览会，回国后于1906年（光绪三十二年）在江苏南通创办了南通博物苑，博物苑有中馆、南馆、北馆三座主要建筑。最先落成的是中馆，初名“测候室”。中馆东房屋顶原有个很小的观象台。观象台从日本购进仪器仪表，1906年9月1日正式开始观测、记载，项目有天象、天气、空气温度和地中温度、湿度、风、降水量、云、日照等，并注意收集国内外天文、气象资料。测候室每天的观测结果，会在当地报纸上登载。1913年测候设备移到新办的农业学校，1916年又移到新成立的军山气象台。

后来，张謇先后派人前往上海徐家汇观象台、北京中央观象台参观学习，并选定军山山顶普陀寺后殿为气象台基址，1916年10月在南通建成军山气象台，费用大部分由张氏兄弟承担。1917年1月1日，军山气象台正式开始工作。当时的气象装备有温度计、风向风速自记仪、雨量计、气压表等国际先进的气象仪器，还装备了电话和无线电发报机。张謇亲定的建台宗旨包括：测、算气象，著书（或登南通新闻纸）；报告标准时，以统一时刻；24小时天气之预报（如阴、晴、燥、湿、寒、暑、风、雷、雨、雪、冰雹、霜、雾等）；24小时泛滥之预报（如大潮汐、海啸及河溢等）；研究农业、水利、卫生、商业与气象之关系；关于气象学理之证明。军山气象台做气象观测、抄收东亚区域47站资料、绘制东亚天气图、制作短期天气预报，早期科技活动活跃，编制月报、季报、年报，参加学会和学术团体，在国内国际享有较高的知名度，蒋丙然曾称“军山气象台为中国私家气象台之鼻祖”。

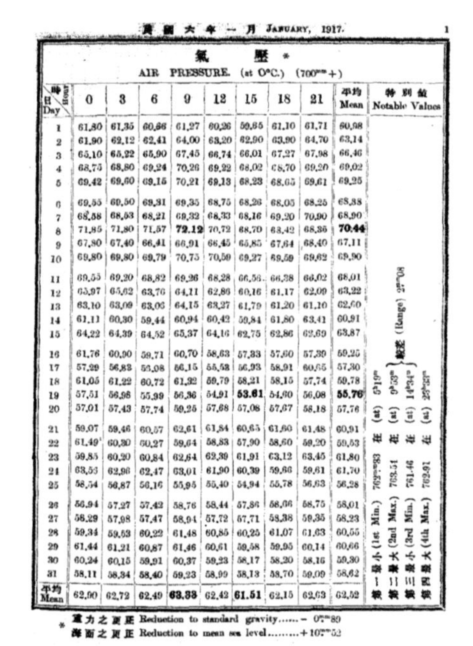
民國六年一月 JANUARY, 1917. 1

氣壓 *

AIR PRESSURE. (at 0°C.) (700mm+)

日 Day \ 時 Hour	0	3	6	9	12	15	18	21	平均 Mean
1	61,80	61,35	60,66	61,27	60,26	59,65	61,10	61,71	60,98
2	61,90	62,12	62,41	64,00	63,20	62,90	63,90	64,70	63,14
3	65,10	65,22	65,90	67,45	66,74	66,01	67,27	67,98	66,46
4	68,75	68,80	69,24	70,26	69,22	68,02	68,70	69,20	69,02
5	69,42	69,60	69,15	70,21	69,13	68,23	68,65	69,61	69,25
6	69,55	69,50	69,31	69,35	68,75	68,26	68,05	68,25	68,88
7	68,58	68,53	68,21	69,32	68,33	68,16	69,20	70,90	68,90
8	71,85	71,80	71,57	**72.12**	70,72	68,70	68,42	68,36	**70.44**
9	67,80	67,40	66,41	66,91	66,45	65,85	67,64	68,40	67,11
10	69,80	69,80	69,79	70,75	70,59	69,27	69,59	69,62	69,90
11	69,55	69,20	68,82	69,26	68,28	66,56	66,38	66,02	68,01
12	65,97	65,62	63,76	64,11	62,86	60,16	61,17	62,09	63,22
13	63,10	63,09	63,06	64,15	63,27	61,79	61,20	61,10	62,60
14	61,11	60,30	59,44	60,94	60,42	59,84	61,80	63,41	60,91
15	64,22	64,39	64,52	65,37	64,16	62,75	62,86	62,69	63,87
16	61,76	60,90	59,71	60,70	58,63	57,33	57,60	57,39	59,25
17	57,29	56,83	56,08	56,15	55,58	56,93	58,91	60,65	57,30
18	61,05	61,22	60,72	61,32	59,79	58,21	58,15	57,74	59,78
19	57,51	56,98	55,99	56,36	54,91	**53.61**	54,60	56,08	**55.76**
20	57,01	57,43	57,74	59,25	57,68	57,08	57,67	58,18	57,76
21	59,07	59,46	60,57	62,61	61,84	60,65	61,60	61,48	60,91
22	61,49	60,30	60,27	59,64	58,83	57,90	58,60	59,20	59,53
23	59,85	60,20	60,84	62,64	62,39	61,91	63,12	63,45	61,80
24	63,53	62,96	62,47	63,01	61,90	60,39	59,66	59,61	61,70
25	58,54	56,87	56,16	55,95	55,40	54,94	55,78	56,63	56,28
26	56,94	57,27	57,42	58,76	58,44	57,86	58,06	58,75	58,01
27	58,29	57,98	57,47	58,94	57,72	57,71	58,38	59,35	58,23
28	59,34	59,53	60,22	61,48	60,85	60,25	61,07	61,63	60,55
29	61,44	61,21	60,87	61,46	60,61	59,58	59,95	60,14	60,66
30	60,24	60,15	59,91	60,37	59,23	58,17	58,20	58,16	59,30
31	58,11	58,34	58,40	59,23	58,99	58,13	58,70	59,09	58,62
平均 Mean	62,90	62,72	62,49	**63.33**	62,42	**61.51**	62,15	62,63	62,52

特別值 Notable Values

第一最小 (1st Min.) 762mm.83 在 (at) 5h19m

第二最大 (2nd Max.) 763.51 在 (at) 9h53m

第三最小 (3rd Min.) 761.46 在 (at) 14h34m

第四最大 (4th Max.) 762.91 在 (at) 23h33m

較差 (Range) 2mm.05

* 重力之更正 Reduction to standard gravity...... − 0.mm89

海面之更正 Reduction to mean sea level.........+10.mm52

军山气象台观测记录

1926年，张謇逝世，军山气象台逐渐衰落下去。后几经合并勉强维持。1938年，因日寇侵略南通，军山气象台停办。日本投降后，该台为当地政府接管，测候工作一直维持到1949年。现在，军山气象台遗址尚存。

昆明私立一得测候所

1927年7月，云南气象、天文和地震事业的先驱者陈一得自备仪器，在昆明市钱局街53号自家的住宅内建立了一个观测台，安装了测云竿、风向针、风速表、雨量计、蒸发皿、百叶箱、气压表等基本仪器，与妻子刘德芳在大门口挂起了私立一得测候所的牌子。这是全国第二所私立气象测候所。气象观测由陈一得及其夫人刘德芳、弟弟陈种仁、义子陈永义轮流在每天6时、14时、21时定时观测气温、气压、温度、蒸发、雨量、风向、风速、云、能见度等气象要素，并由陈一得先生统计分析，编制月报、年报，无偿提供给有关单位参考备用。私立一得测候所还完成了《昆明恒星图》和《步天规》。

一得测候所工作照片

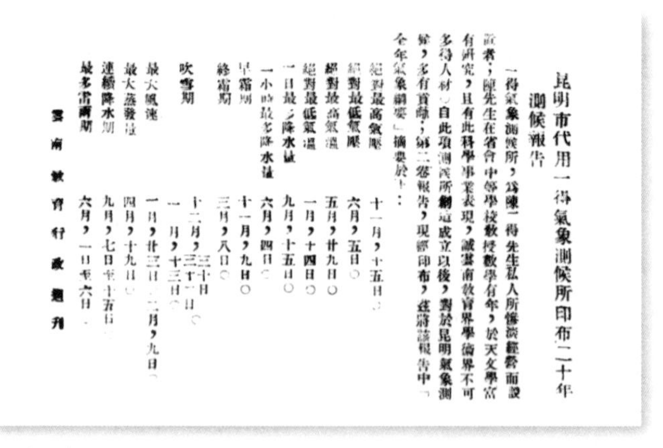

昆明市代用一得氣象測候所印布二十年測候報告

一得氣象測候所，為陳一得先生私人所慘澹經營而設置者；陳先生在省會中等學校教授數學有年，於天文學富有研究，且有此科學事業表現，誠雲南教育界學術界不可多得人材。自此項測候所創造成立以後，對於昆明氣象測候，多有貢獻；第二卷報告，現經印布，茲將該報告中「全年氣象綱要」摘要於下：

絕對最高氣壓	十一月，十五日
絕對最低氣壓	六月，五日
絕對最高氣溫	五月，廿九日
絕對最低氣溫	一月，十四日
一日最多降水量	九月，十五日
一小時最多降水量	六月，四日
早霜期	十一月，九日
終霜期	三月，八日
吹雪期	十二月，三十日三十一日 一月，十三日
最大風速	一月，廿三日，二月，九日
最大蒸發量	四月，十九日
連續降水期	九月，七日至十五日
最多雷雨期	六月，一日至六日

雲南教育行政週刊

一得测候所观测记录

陈一得清末在云南高等学堂、云南优级师范学堂读书，并在昆明各中学任教40余年，天文、气象、地震等是其业余爱好。他与创办南通军山气象台的张謇经历相似，曾自费到日本考察，还自费到南京气象台进修，考察参观国内有名的天文、气象及地震台。

1936年6月，云南省教育厅主持成立省立昆明气象测候所，聘陈一得为首任所长。由于省立昆明气象测候所当时建筑设备尚未竣工，故仍在一得测候所继续进行气象观测。1938年5月，省立昆明气象测候所迁至新址——昆明太华山，一得测候所停止观测。

【策展手记：一个气象台的价格与价值】

在展馆近现代展厅中，有一张并不是很显眼的展板，记录着当时建一个气象台要花多少钱。起初展示它只是因为好奇有趣，但仔细研究后却涌起崇敬之情。

民国初年，人们对于天文、气象、验磁和地震等学科尚不能分辨其名实，来观象台咨询者“往往所问非所事”。于是，马德赉（法国人）编写了《气学通诠》一书，作为中国近代第一所私立大学——震旦大学的气象学课本，开始传授气象学科知识。这是我们在整理近现代展厅时，从上海气象博物馆馆藏的徐家汇观象台历史文献资料中找到的。

《气学通诠》的补遗篇《气象台价》中记载了当时建造一个气象台所需要花费的全部费用。大体包括：初建站的基本仪器购置花销至少在2000银元（相当于现在人民币10万～20万元），每年还需维护经费，人员费用等。

文章给出了明细：

（1）气压表80～100元：水银气压表50～60元，气压自计表35～40元，气压干式计（非自记）10元，共3个。（2）寒暑表：极高度表4.5元；极低度表3.5元；寻常用3.5元；寒暑自记表32～44元。另需要凉棚，若向外洋购置现成的，需20多元；但不一定好用，自己请人做，12元左右……

可见，建设和维持一个气象台的观测工作，确实是一笔不小的经费。但在书中还有一段记载写道“气象关乎农事、禽兽草木之生机……测验殊多，可不费分文，所贵在善测，在恒测”“试观安徽颖州府霍邱县某司铎，所用者为气压表、寒暑表、相风机、量雨器各一而已，其费不及四十元。二十四年内日测二日始终无间，所测甚准，大有功于气象学”。安徽霍邱县的观测站，仅凭简单的几个观测仪器，竟24年如一日坚持观测。

原来，气象台站的价值，不仅在于仪器的昂贵和精密，更在于气象工作者日复一日坚持不懈的精神和对科学的执着追求。

1939年：

建立了最早的农业科学试验农场
——光华农场

1945年：

延安清凉山下成立气象训练队

第三章　发祥于延安的人民气象事业

1945年：

陕甘宁边区和敌后解放区建立第一批气象观测站

1945年：

第一个红色气象台——八路军总部延安气象台正式成立

第一节　光华农场测天气

1935年10月19日，中共中央随中央红军长征到达陕北吴起镇（今吴起县）。延安很多干部因为走过了长征，或在白区经历过监狱生活的折磨，身体极度亏弱；还有一些病号和婴儿，也迫切需要加强营养。

为了解决这些问题，中国共产党决定大力发展农牧业，扩大对人民的物质供应。1939年10月，在陕西延安南郊杜甫川的马家湾村，最早的农业科学试验农场——光华农场成立了。1940年春，农场投入生产，当年垦种耕地266亩[①]，可以生产牛奶、羊奶，加工羊毛、羊皮、牛皮，并种植了西红柿、白菜等新鲜蔬菜水果。

战士们在给菜地浇水施肥

为了更好地服务生产和生活，光华农场设立了气象组。当时气象组有2～3人，负责人为权学孔。气象组每天坚持地面观测和记录，包括气温、地温、湿度、气压、风向、风速、降水量、天气现象和物候等资料，主要是为农场引进品种进行栽培试验及研究提供服务。

战士们在插秧

① 1亩约等于667平方米。

科學園地

批評政府

1941年10月18日的《解放日报》副刊《科学园地》，刊登了1940年延安光华农场气象组的雨量观测资料

简易观测场建在农场平旷的地带上，风向袋挂在山顶的树上。观测场有一些简易的气象仪器，如温度表、地温表、温度计、湿度计、空盒气压表、雨量筒等。这些仪器大多是西安、河南的一些地下工作者和进步民主人士通过国民党封锁线运到延安的。

在中国气象科技展馆中，有一张1941年10月18日的《解放日报》，刊登了1940年光华农场气象组的雨量观测资料，这是人民气象事业进入媒体传播的最早记录，也体现了光华农场在当时受到领导和社会各界的高度关注。

1947年春，国民党胡宗南部队进犯延安。光华农场的种植业被迫全部停止，观测场也遭到破坏，变为一片废墟，资料遗失。1948年延安收复后，农场恢复生产，气象组也恢复观测。1951年，延安飞机场气象站建立，光华农场气象组便并入该气象站。

第二节　凤凰山下守主权

上：中美技术人员合作，现场采集气象资料
下：培训中国军人使用气象设备

1944年，中国共产党领导的八路军、新四军进行对日作战，取得节节胜利，在敌后建立了晋绥、晋察冀、晋冀鲁豫、华东、华北等根据地。当时，世界反法西斯战争在欧洲战场也取得了很大进展。同时，在成都、昆明、衡阳等地驻有美国空军，其B-29型重型轰炸机担负着轰炸沦陷区（华北、华东）及日本本土任务。美军完成轰炸日本本土任务后，返回中国大陆时，飞机往往因油料不足需要在华北地区迫降，迫切需要敌后根据地的气象情报。在美国施加压力的情况下，蒋介石被迫同意美国向延安派出军事代表团的要求。1944年7月22日，以包瑞德上校为组长的美军观察组抵达延安，中国共产党对美军观察组采取了主动争取和热烈欢迎的态度。

1944年秋，美军观察组在凤凰山麓下建立了气象台。气象台有六七名工作人员，台长由一位大学毕业的上尉军官担任。气象台开展地面观测、无线电探空、无线电测风、航站预报等业务，并为来往于延安的飞机提供气象保障。

不久，美军又提出，仅凤凰山下一个气象台提供的气象情报，不能满足他们的军事需要。美军希望派出人员在解放区各地建立更多气象观测点，并许诺给中国共产党10～20吨轻型无线电通信器材及零部件作为代价。

当时，军委三局负责通信工作，三局局长王诤这样说："虽然我们十分困难，但我们宁可不要任何器材，绝不能不要主权。美方若真有帮助的诚意，我们可筹办训练班，请美方在教学上予以指导。至于边区和解放区根据地的气象台，我们将自己建立。"

为了维护主权与民族尊严，并适应我军与同盟国联合对日作战的需要，中美双方经过多次谈判，最终达成4项协议：一是由中方办气象测报人员训练班，美方派员协助训练；二是预定在陕甘宁边区及华北各根据地建立20个气象站，每站1人负责气象观测和无线电报务；三是美方提供所需的气象观测仪器和无线电通信器材；四是气象情报资料由我方军委三局通信总台统一收集后交给美方。

协议达成后，我党抽调学过气象的工作人员到美军观察组气象台，同美方人员一起训练学员，筹备建立陕甘宁边区和各解放区的气象观测站。

第三节　气象结缘清凉山

根据中美双方达成的协议，1945年3月，在延安清凉山下陕甘宁晋绥联防军司令部无线电通信训练队，成立了第四区队——气象训练队，由通信训练队队长刘克东领导，抽调了葛士民、周文彩等21名报务员学习气象。教员是美军气象人员和张乃召（兼任翻译）。

张乃召1937年毕业于清华大学地学系气象专业，当时在延安医科大学担任教员、支部书记、协理员。八路军参谋长叶剑英亲自找张乃召谈话，鼓励他同美方人员合作，迅速把解放区的气象事业建立起来；叶剑英还多次签发电报，要求各解放区开展气象观测工作。

气象训练队用时3个月，重点学习了气象知识、美军通报规则和报话机的使用等。当时，学员普遍有报务基础，通报规则和报话机使用等课程学习起来比较容易，但是气象课学习难度很大。上课时，张乃召与美军教员密切配合，尽量讲得慢一点、细一点。课后，张乃召牺牲休息时间，耐心地辅导大家。他特别注重训练学员们的操作技能，每次

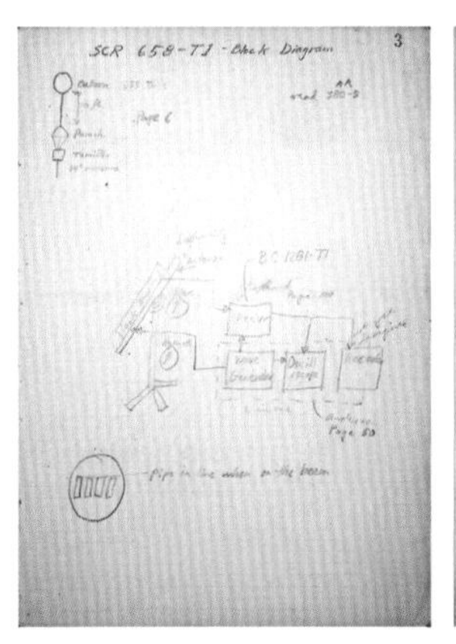

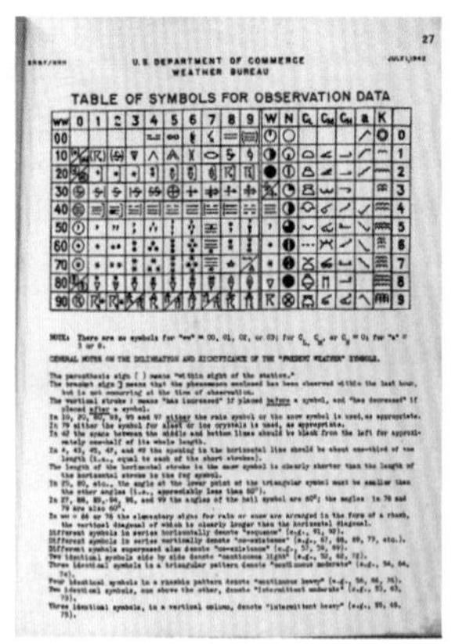

美军教员的手写讲义及培训教材

观测实习前都反复讲述、示范，实习时让学员挨个操作，实习后则总结情况、强调注意事项。地处黄土高原的延安，初春时节常常万里无云，学员们实习目测项目的机会比较难得。一旦有云出现，张乃召就叫学员出来观测、辨认，有时晚上甚至半夜出现了典型的或不多见的云状，张乃召也会立刻把学员们叫起来识别，积累夜间观测经验。

当时，学员们的学习条件极其艰苦。清凉山的土窑洞是教室，双膝是课桌，石头是板凳。生活条件更为艰苦，有时一连几天只能吃高粱和黑豆。大家住在土窑洞里，七八个人合睡在一个铺着茅草的土炕上。毕业后，大家被分配到各解放区建立了气象观测站。

人民气象事业，正是在当时这样艰苦的条件下起步的。延安清凉山下成立的气象训练队，是党领导的人民气象事业的起点。正如时任中央军委参谋长叶剑英，在训练队结业典礼上所说："你们是我党我军第一批气象工作者。我们将来要有自己的空军，自己的海军，自己的气象保障。你们开展的气象工作，是我党气象事业诞生的标志。"

第四节　第一批气象观测站

清凉山气象训练队的学员毕业后，3人被分配到陕甘宁边区建立气象观测站，3人被分配到晋冀鲁豫解放区。这是我党我军历史上第一批气象观测站。

1945年5月，为保证美军飞机往来延安的飞行需要，中央军委从清凉山气象训练队抽调了3名学员在陕甘宁边区建立了3个观测站。他们分别是：定边周文彩、米脂房士奇、庆阳张升富。起初，美军急需气象资料，曾向叶剑英参谋长提出，把设备和人员空投到各观测点去。叶剑英解释说，所有气象观测人员都是放牛娃出身，不会跳伞，只能走过去，或者乘飞机到有机场的地方，再步行到目的地。于是，这些学员们就用牲口驮着设备，在山大沟深、人烟稀少的陕北，徒步抵达工作岗位，建立了观测站。

陕甘宁边区的气象观测站建立起来以后，一日观测两次，观测记录编报后先发到延安通信总台，然后再转到美军观察组。当时的观测项目有：云状、云量、云高、云向、风向、风速、温度、湿度、气压、天气现象、能见度等。陕甘宁边区风沙大，冬季观测时，西北风卷着沙粒扑面而来，打在脸上像针扎一样疼，眼睛也睁不开。但是，观测站的同志克服困难，准确及时地发出了一份又一份气象电报。抗日战争结束后，定边、米脂和庆阳观测站于1946年4月停止工作，人员撤回延安。

1945年，中央军委同样从清凉山气象训练队抽调了3名学员，赴晋冀鲁豫解放区建立了3个观测站：晋冀鲁豫军区涉县赤岸观测站、冀鲁豫（山东）军区观测站、太行军区观测站。起初，葛士民、胡友训、王振海三人一同抵达晋冀鲁豫军区涉县赤岸观测站。一周后，葛士民继续留在赤岸观测站，胡友训前往冀鲁豫（山东）军区观测站工作，王振海前往太行军区筹建观测站。

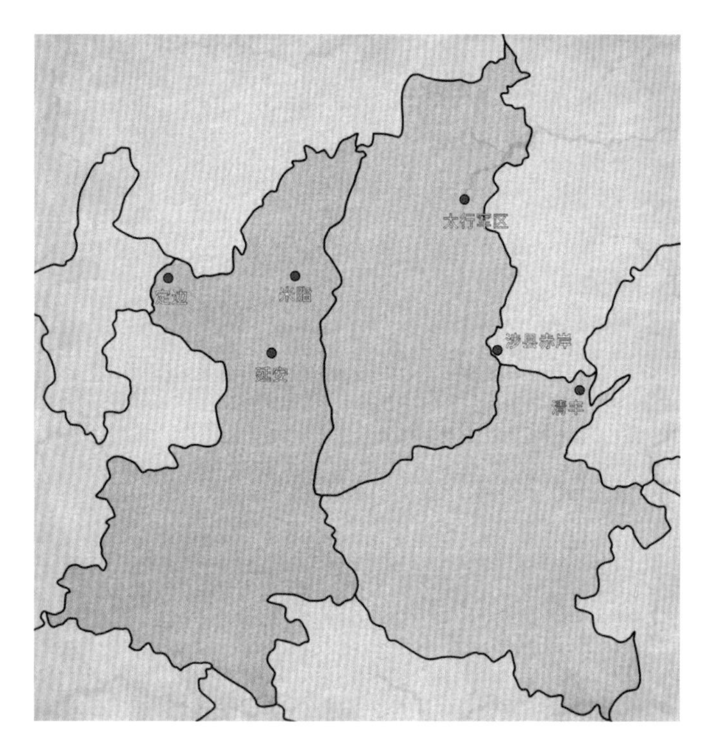

陕甘宁边区和敌后解放区气象观测站示意

赤岸观测站和太行军区观测站的观测项目有：云状、云量、云高、云向、风向、风速、温度、湿度、气压、天气现象、能见度。冀鲁豫（山东）军区观测站早在1944年9月就建立了。当时冀鲁豫军区司令部接到延安来电，要求他们每天早晚提供驻地气象情报资料。军区接到电报后，即着手筹办气象站，并于10月开始观测。每天早晚观测两次，观测项目有天气的阴晴、降水、云、能见度、温度、风向、风力等。观测后将数据编成报文，由机要科电台发往延安。1945年2月，军区从解放区抗日中学招来两名十六七岁的学生，授以气象观测方法和编写电文的知识，并安排他们专门从事气象观测和发报工作，观测时间固定为每日06时和18时。6月，胡友训抵达，接替了两名学生的工作，并将观测项目细致为云状、云量、云高、云向、风向、风速、温度、湿度、气压、天气现象、能见度。胡友训和王振海每次完成观测后，将观测数据编成电文发给葛士民，由葛士民转发给延安总部和美军观察组。抗战胜利后，晋冀鲁豫解放区的观测站于1946年9月停止观测。

陕甘宁边区和晋冀鲁豫解放区的气象观测站提供的气象情报资料保证了当时的飞行与作战需要。

第五节　我党我军第一个气象台

1945年8月，日本宣布无条件投降。延安美军观察组气象台的任务即将结束，人员准备撤离。

中央军委考虑到将来要建立人民空军和海军，且当时往来延安的飞机较多，毛泽东主席还将飞赴重庆与蒋介石谈判等，都需要气象保障，于是决定接收美军观察组气象台，培养一批自己的气象干部。

中央军委将这一任务下达给军委三局，并指定张乃召负责选调人员。正在延安大学自然学院学习的毛雪华、周鲁女、曾宪波、邹竞蒙、陈涌珉（女）5人受组织选派，于

1946年，延安气象台全体工作人员。前排左起：毛雪华、苏中、张丽、曾宪波、陈涌珉（女）；后排左起：傅涌泉、邹竞蒙、谌亚选、张乃召、杨丰年、周鲁女

美军观察组及其气象人员和我方气象人员合影，前排左一张乃召、右一谌亚选、后排左一陈涌珉、左二曾宪波、右一周鲁女、右二毛雪华、右三邹竞蒙

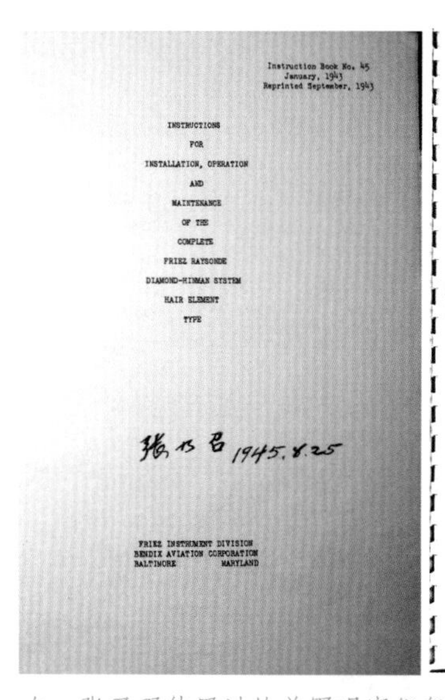

Instruction Book No. 45
January, 1943
Reprinted September, 1943

INSTRUCTIONS
FOR
INSTALLATION, OPERATION
AND
MAINTENANCE
OF THE
COMPLETE
FRIEZ RAYSONDE
DIAMOND-HINMAN SYSTEM
HAIR ELEMENT
TYPE

張乃召 1945.8.25

FRIEZ INSTRUMENT DIVISION
BENDIX AVIATION CORPORATION
BALTIMORE MARYLAND

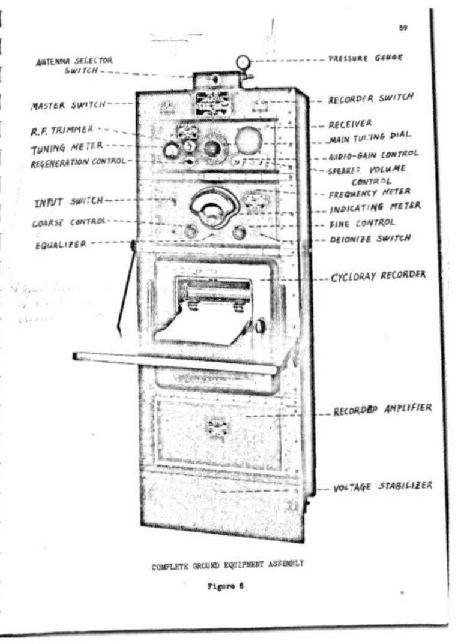

左：张乃召使用过的美军观察组气象教材

右：延安气象台首任台长张乃召在观测台的测风杆上留影

1945年9月底报到，与张乃召一起共同接收了美军观察组气象台。于是，中国共产党历史上第一个气象台——八路军总部延安气象台正式成立，张乃召任台长。不久，毕业于清华大学物理系的谌亚选，从军委三局调到延安气象台，协助张乃召工作。1946年2月，傅涌泉、苏中、张丽、杨丰年等4人，先后从抗大七分校、陕甘宁边区政府调入延安气象台，人员增至11人。延安气象台还成立了党小组，毛雪华任党小组长。

党中央非常重视气象工作，毛泽东主席把自己收藏的《自然地理》赠送给气象台的工作人员。延安气象台从建台伊始，到转战山西、河北，始终将业务培训当作主要任务之一。大家边工作边学习、边行军边学习，不仅成长为新中国气象事业的骨干力量，而且创造和积累了许多宝贵经验。

毛泽东主席赠送给延安气象台工作人员的藏书《自然地理》

自1945年10月3日起，延安气象台便开始了紧张的业务培训。学习班聘请美军气象人员担任教员，张乃召担任辅导员和翻译，有时也讲课；中军军委办公厅外事翻译凌青等，偶尔也担任翻译。培训内容包括：地面观测、经纬仪测风、云幕球测云高，无线电仪器及高空温、压、湿的探测，无线电经纬仪测风，制氢技术、对时操作技术等，学员们通过三周短期培训，具备基本的值班观测技能，顺利结业。

延安气象台工作人员走上工作岗位后，开始有计划地学习其他知识和技能，比如，建站知识和简易（轻便）气象仪器的使用、操作，无线电报务技能，无线电探测高空温、压、湿设备的原理和计算原理，物理和无线电知识，航空知识，航空与气象的关系，机务和仪器维修，汽车驾驶等，普遍具备了较强的实际工作能力。

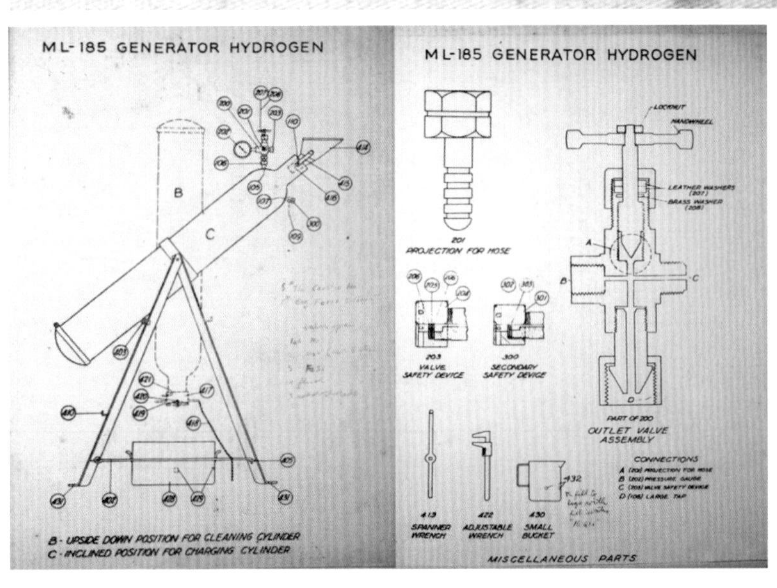

上：1946年，谌亚选（左）、苏中在制氢
下：我军气象人员学习的制氢仪器教材

工作人员正准备施放测风气球

设立在凤凰山上的无线电经纬仪场地

延安气象台工作人员文化程度参差不齐，调入也有先后。针对个别同志业务学习跟不上进度的问题，张乃召安排先来的同志给后来的同志辅导，帮助他们尽快独立值班。延安气象台这种以老带新、互帮互学、共同提高的做法，后来推广到山西、河北等地，为新中国气象培训工作积累了宝贵的实践经验。

【策展手记：把窑洞精神“搬到”首都】

展馆用负空间的方式展示了人民气象事业从延安发源，仿佛置身窑洞之中。如果仔细看，窑洞墙壁中还有麦秸秆，这是延安气象局特意运送过来的。

延安气象局保存了很多平时极少向公众展示的珍贵文物资料。有美军观察组的讲义，这在当时是绝密资料，手写的，相当工整和厚重。有当时气象学员抄写的学习笔记，上面认真记录着气象观测要领、天气学理论、气象通信知识等。还有延安气象台首任台长张乃召用过的书籍，美军观察组撤走以后，张乃召利用手头有限的资料带领大家一边工作、一边学习，抄写笔记用的是陕北马兰草造的马兰纸，教材也是边区自制的土油墨印刷的讲义，质量很差，模糊不清，阅读起来十分费劲。最为难得的是，当时的观测资料被完好地保存下来了。透过这些资料，我们仿佛看到了在炮火纷飞中，气象工作人员一边学习一边实践的身影。

第六节　延安气象台的使命

延安气象台开展的地面观测，分为定时和临时两种。定时观测于每日08时、14时、20时进行3次，经纬仪测风每日开展1次。临时观测则视需要开展。高空温、压、湿探测，每天进行1次。探测后，工作人员立即编报，由电台发出。

当时，延安没有发电厂，不通电。延安气象台用美军观察组带来的一台小马力探空专用汽油发电机发电，以满足业务需要。发电机安装在山上的一个小土窑里，工作人员每次观测前，都要先上山启动发电机供电，观测完再关机。延安的冬天很冷，最低气温能达到−20 ℃，滴水成冰，发电机经常“罢工”，这时，张乃召就带着大家一起拉油机，一拉就是一个多小时，大家累得浑身是汗，站在山顶上被冷风一吹，冻得直打哆嗦。

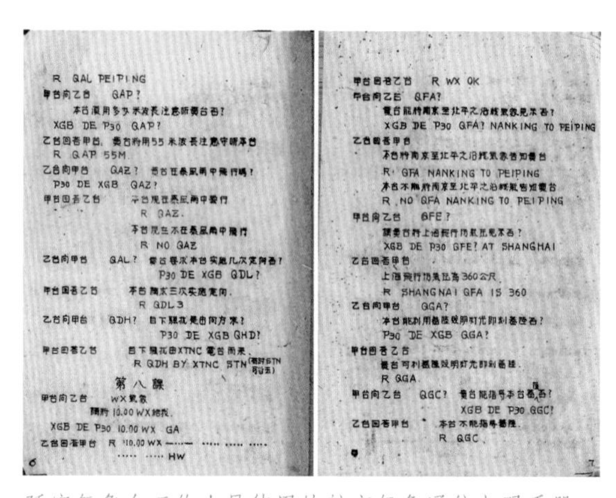
R QAL PEIPING
甲台向乙台　QAP?
本台须用多少米波长注意听贵台否?
XGB DE P30 QAP?
乙台回答甲台，贵台将用55米波长注意守听本台
R QAP 55M.
乙台向甲台　QAZ?　贵台在暴风雨中飞行吗?
P30 DE XGB QAZ?
甲台回答乙台　本台现在暴风雨中飞行
R QAZ.
本台现在不在暴风雨中飞行
R NO QAZ
乙台向甲台　QAL?　贵台需求本台实施几次定向否?
P30 DE XGB QDL?
甲台回答乙台　本台需求三次实施定向.
R QDL 3
乙台向甲台　QDH?　目下驳讯是由何方来?
P30 DE XGB QHD?
甲台回答乙台　目下驳讯由XTNC电台而来.
R QDH BY XTNC STN
第八课
甲台向乙台　WX气象
预约10.00 WX报.
XGB DE P30 10.00 WX GA
乙台回答甲台　R 10.00 WX —…— ….. ….. …..
….. ….. HW
6

甲台回答乙台　R WX OK
甲台向乙台　QFA?
贵台能将南京至北平之沿线气象见示否?
XGB DE P30 QFA? NANKING TO PEIPING
乙台回答甲台
本台将南京至北平之沿线气象告知贵台
R QFA NANKING TO PEIPING
本台不能将南京至北平之沿线气象告知贵台
R NO QFA NANKING TO PEIPING
甲台向乙台　QFE?
请贵台将上海飞行场气压见示否?
XGB DE P30 QFE? AT SHANGHAI
乙台回答甲台
上海飞行场气压为360公尺
R SHANGNAI QFA IS 360
乙台向甲台　QGA?
本台能利用着陆跑明灯光即刻着陆否?
P30 DE XGB QGA?
甲台回答乙台
贵台可利用着陆跑明灯光即刻着陆.
R QGA
甲台向乙台　QGC?　贵台能指导本台着陆否?
XGB DE P30 QGC?
乙台回答甲台　本台不能指导着陆.
R QGC.
7

延安气象台工作人员使用的航空气象通信电码手册

往山上运送发电机需要的汽油，也很艰难。小山高200多米，只有一条又窄又陡的小路。遇到雨雪天，路非常滑。战争年代的汽油非常珍贵，工作人员就一人在前面背着装满汽油的油桶，一人在后面扶着，小心翼翼地一步步往上爬。有时，前面背油桶的人不小心摔倒了，后面的人就赶快抱住油桶。等观测完下山，天已经黑了。有月光时，工作人员用手抓着路旁的野草、荆条下山；没有月光时，完全看不见路，工作人员只能蹲下、摸索着下山，一不小心就摔得鼻青脸肿。

延安气象台一成立，就担负起保障毛泽东同志参加重庆谈判，周恩来同志参加旧政协闭幕会议等重要活动的气象保障任务。

气象台工作人员研究了延安、重庆及沿途的气象资料后，建议飞赴重庆的时间定在8月下旬后期。参考气象台的汇报，党中央将时间确定在8月28日。谈判期间，气象台每天进行地面和高空观测，观测后通过电台编报发往重庆、南京或北平，提供延安本地当日天气实况和短时单站天气预报，为飞机在延安机场的起飞、降落服务。大家在张乃召的带领下每天认真观测、发报，直到10月11日看到毛泽东同志从飞机的舷梯上走下来，才放下心。

1946年1月29日，周恩来同志乘飞机由延安赴重庆，参加31日闭幕的政治协商会议。飞机由延安飞到西安时，由于天气条件恶劣无法飞重庆，只得在西安滞留一夜。次日上午，周恩来一行由西安飞重庆，飞机必须先爬高到4000米以上才能飞越秦岭。随着飞机升高，气温越来越低，机翼机身结满了冰，情况紧急。大家只得做最后的准备

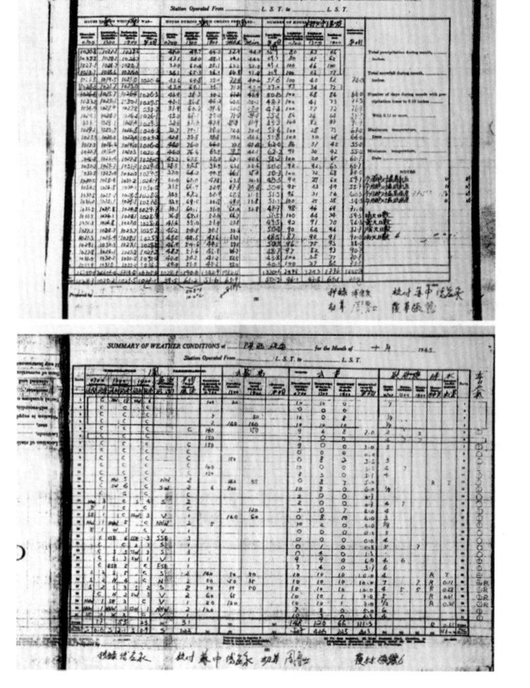
SUMMARY OF WEATHER CONDITIONS

1945年10月的观测报表

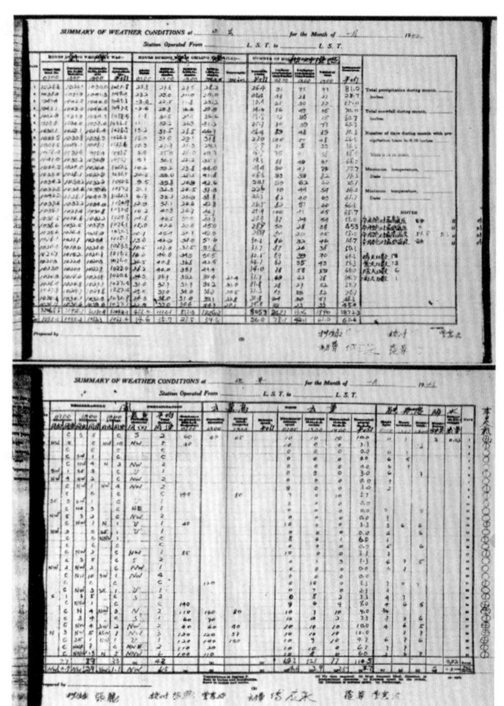
SUMMARY OF WEATHER CONDITIONS

1946年1月的观测报表

——跳伞。正当美军飞行人员教大家如何跳伞时，叶挺11岁的小女儿叶扬眉因为没有伞包，害怕得哭了。周恩来同志看到后，立刻把自己的伞包解下让给小扬眉，并鼓励她要勇敢。周恩来在危难时刻表现出的高贵品质，令在场的每个人深受震动。后来，飞机还是返回了西安。下午两点，征得机组人员同意后，飞机再次从西安起飞，先升到4000米以上，避开结冰的气层，再飞越秦岭，最终顺利抵达重庆。在这个过程中，气象工作者提高观测频次，全天候在山顶观测，为这次艰难的飞行作好保障。

返回延安后，周恩来亲切接见并慰问了气象台工作人员。

第七节　红色火种撒向全国

1946年6月26日，蒋介石悍然撕毁停战协定和政协决定，对解放区发起全面进攻，内战爆发。1947年春，蒋介石在其对解放区发动的全面进攻被粉碎后，又向山东和陕甘宁边区发动重点进攻。当时进攻陕甘宁边区的是国民党最大的一支战略预备队——胡宗南集团，该集团有23万人且装备精良，蒋介石还调集了半数以上的空军予以配合，并指令青海马步芳、宁夏马鸿逵等地方军阀策应。而当时负责保卫陕甘宁边区的西北人民解放军总兵力只有2.5万人。在敌我力量十分悬殊的情况下，党中央决定我军主动撤出延安，但党的主要领导人仍留在边区。这样做，是为了鼓舞西北战场上的军民英勇作战，在陕甘宁边区牵制胡宗南部队，在运动战中不断消灭他们，同时壮大我军，达到支援全国战场的目的，以便尽快转入战略反攻。

1946年冬天，延安气象台奉命开始疏散转移重要物资器材。1947年3月，延安气象台工作人员撤离延安。撤离时，根据军委三局指示，气象书籍、资料和轻便贵重的气象仪器全部带走，笨重的、不便携带的仪器全部就地掩埋。从延安撤出后，延安气象台改称军委三局气象队。气象台原有的11人中，毛雪华、陈涌珉、谌亚选调离，陕北人杨丰年申请回家，还剩下张乃召、邹竞蒙、周鲁女、曾宪波、傅涌泉、苏中、张丽7人。气象队短暂驻扎瓦窑堡后，经绥德、过黄河，向山西转移。

1947年6月，气象队抵达山西临县三交镇王家沟，并在此驻扎。1948年2月16日，气象队奉命从山西向晋察冀边区转移，经临县、静乐、石家庄、崞县、代县，到聂荣后兵分两路。张乃召、邹竞蒙、傅涌泉在南路，他们将贵重的、怕震动的仪器集中起来，用8头骡子驮运，经崞县、五台县，先期抵达河北平山县王家沟。周鲁女、曾宪波、苏

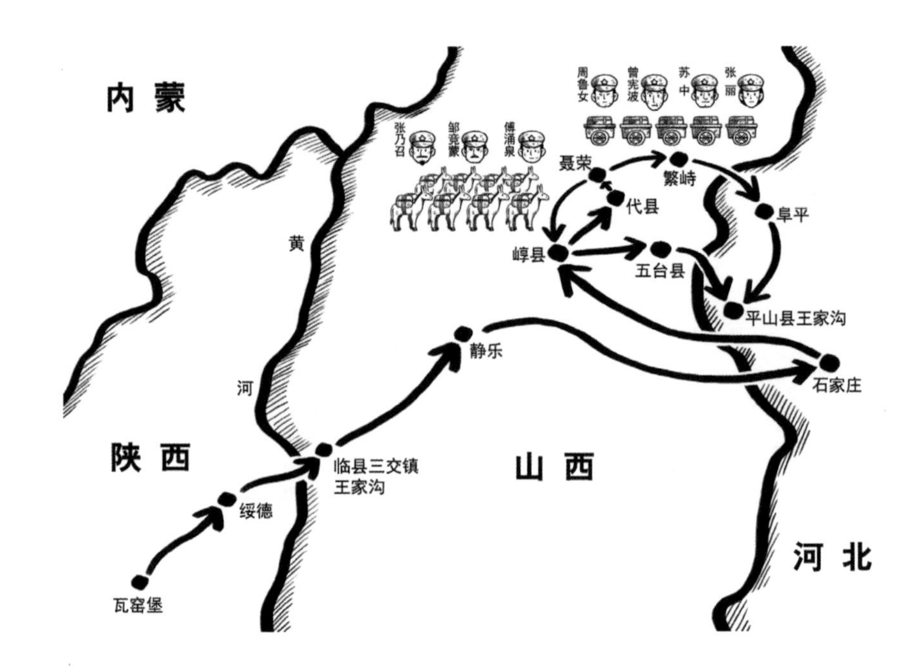

中、张丽在北路，用5辆铁轮大车押运资料和无线电器材，沿大路经繁峙、阜平，于3月13日抵达河北平山县王家沟。在河北平山县王家沟，气象队驻扎了5个月。

1948年8月，军委三局气象队人员奉命调往华北军区电信工程专科学校（以下简称华北电专），担任陆空通信气象专业队教员，走上新的工作岗位。1948年8月18日，军委三局气象队抵达华北电专，为学员们讲授气象课程。他们开设天气常识、地面气象观测、气象仪器和电学等课程，不仅给华北电专学员们带来知识，也带来了延安精神，在政治上和作风上为学员们树立了榜样。

从1947年3月撤离延安到1948年8月调往华北电专，延安气象台（军委三局气象队）在1年零5个月的时间里，3次转移、行军约2000千米，克服千难万险，不但保证了气象仪器完好，还始终坚持业务、政治学习和气象观测。

1948年10月29日深夜，因傅作义部队要偷袭石家庄，学员们在张乃召等人带领下，带上干粮、仪器向南撤退，夜行百里到达元氏县。随后继续南撤，到达赞皇县院头一带，立即架设实习电台继续学习。行军路上，气象队一边要转移气象仪器，一边要组织学员安全行军，还要在轰炸的间隙组织学习上课。当时，张乃召腿脚不好，走路相当吃力，但他一会儿在队前，一会儿又到队尾，组织大家相互照应、不要掉队。1949年5月，学员们结束学习。这批学员大多被分配到陆海空三军、民航和有关省市从事气象工作，成为新中国气象工作的骨干，有的还成长为高级气象人才和气象部门领导。

天氣常識

李振生

華北軍區電訊工程專科學校印

一九四九年於石家莊

天氣常識講義

緒論

我们在学着觀察課，為了更能將所學的了解與實用，若能知道一些天氣變化的常識，对於我们实际的工作便会有更大的帮助。在以後各章中我们便作一個一個的问题来講。

第一章　概論

一、天气與气候　我们說"今天很热"，或者說"今天很冷"，這就是說今天本地的天气要較昨天或前天的天气热些或冷些。这一冷一热便是大气本身的一种暫時現象，我们就叫他做天氣。如再說道昨天有霧或潮濕，前天下雪，这也都是大气本身暫時的另外几种现象，也同样叫做天气。總括的說：天气就是在某個一定時期大气本身暫時的冷、热、陰、晴、乾、濕、清、濁、風、雲、雨、雪等现象。專门討論这一種的学问，就叫做天气学。假如把時间加長，地区扩大，单独討論某一区域一年裡，或一季裡，或一月裡，

五、等壓線、高氣壓和低氣壓：

1、等壓線：气象中心机关在某一時间收到各地的气压（經过高度訂正的一各地的海平面气压），报告后一一填註在地圖上各個地方。然后将气压数字相同的，画成一条线把牠们連起来，这条线就叫做等压线。将等压线画出后各地气压的情形便瞭如指掌了。

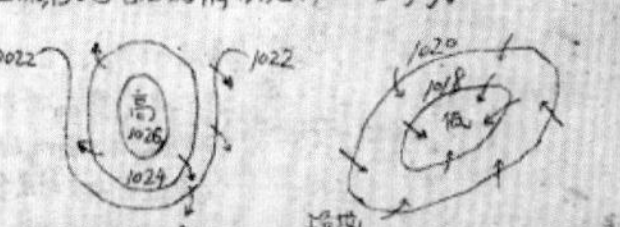

2、低气压和高气压：地球上气压高低不等，有的地方比周围高，有的地方气压比周围的低。气压高的叫高气压，气压低的叫低气压。大气是从气压高的地方向气压低的地方流動。知道等压線分佈的情形，便可决定空气流动的大概方向。高气压区域，風是向外吹，低气压地方風是向内吹，在低气压区域内從东南部吹来之暖濕空气，和西北部吹来之乾冷空气相遇，就要產生天气的變化。所以气压在各种气象要素中，是最重要的一项，对於天气預报工作影响很大。

17

华北电专的天气常识课程

1948年秋冬，随着解放战争节节胜利，张乃召及部分气象队人员作为领导和骨干，参与接收国民党气象机构。他们认真执行党的方针政策，团结教育留用人员，保护气象通信器材，恢复气象工作，培训气象人员，为新中国气象事业的建立做出了重要贡献。

1949年1月15日，天津刚刚解放，邹竞蒙、苏中等进入天津军管会，接收天津、塘沽气象机构。由于受国民党反动宣传的影响，天津气象站的留用人员心存疑虑和戒备。邹竞蒙和苏中一方面宣传共产党的政策，一方面用实际行动感化他们。当时粮、煤短缺，留用人员吃饭和取暖都有困难，邹竞蒙等人四处奔波购买粮、煤，用自行车驮回来分给大家，可是自己却无煤取暖，睡在冰冷的屋子里冻得直打哆嗦。留用人员被这种情景打动了，与邹竞蒙等人的距离也拉近了。在整个接收过程中，张乃召等遵照中央精神，做到了对人员、设备"原封不动"，多数气象台站坚持了测报工作，绝大多数留用人员克服困难、勤奋工作，对恢复业务起了很大作用。

军委三局气象队人员在完成接收工作的同时，逐步建立了我军新的气象机构，如华东、中南、西南三大军区气象处。他们积极培养气象技术人才，在上海、南京分别筹办了新中国第一个气象观测训练班、第一个无线电探空训练班。

从延安气象台走出来的气象工作者穿枪林、冒炮火，不畏艰险、辗转南北，将发祥于延安的人民气象事业的火种播撒到全国。

1949年：

军委气象局成立

1950年：

中央气象台、联合天气分析预报中心成立

1953年：

气象部门从军队建制转为政府建制，
军委气象局改名为中央气象局

1956年：

第一次通过广播电台、报纸向公众
提供天气预报

1958年：

首次进行飞机人工降雨抗
作业，开启我国现代人工
响天气事业的序幕

1964年：

出色完成我国首次核爆炸试验的
气象保障任务

第四章　奋进中的新中国气象事业

1969年：

周恩来总理在听取气象工作汇报时指出，要搞我国自己的气象卫星

1971年：

卫星气象中心站组建

1972年：

世界气象组织恢复我国的合法席位

1973年：

北京气象通信枢纽工程开工建设

1978年：

中国列入世界天气监视网并要求进行观测和资料整编

第一节　开国大典气象服务

新中国成立之际的第一项重大气象服务保障任务就是开国大典的天气预报。1949年9月30日23点到10月1日24点的天气预报是：北京，天气晴转阴云相间，风向偏东，风力弱，能见度4000公尺。

1949年10月1日，毛泽东同志向全世界庄严宣告中华人民共和国成立。30万群众汇聚在天安门广场。当时没有车把群众运到天安门，群众都是凌晨两三点就起来准备，然后走路去天安门，因为游行是没法带伞的，如果把群众淋着了也不合适，所以对9月30日夜间的天气也要做出预报。开国大典当天15点有飞机表演，这对天气预报的要求就更高了：一方面要预报当天的天气是否会影响飞机起飞，飞机在什么时候起飞最合适；另一方面要尽量保证飞机在空中表演时不被云挡住，让地面的群众能看见。

开国大典准备期间和检阅飞行时的气象保障工作，由华北军区航空处场站科气象股负责，股长是邹竞蒙。北平气象台台长秦善元参与工作并向华北军区航空处指挥室提供气象资料。开国大典受阅飞行是一次多机种、大机群的编队活动，协同复杂，又要求队形整齐、航线准确、按时通过，难度很大，而当时刚刚接收国民党的气象机构，组织不健全，气象资料缺乏，人员多是新手，因此气象保障工作复杂而艰巨。但是，参加开国大典气象保障的全体人员顶住压力，把观测频率从每8小时观测一次变成每小时观测一次，克服困难，做出了准确的预报。

据当年为开国大典做天气预报的章淹回忆，当时每天画两张天气图，一张地面天气图，一张根据地面资料反推出来的3000米高空天气图，而且高空天气图是根据一个理想气压推算出来的，数据并不是很准确。当时短期天气预报的主要工具就是天气图，凭着两张数据并不很准确的天气图做出预报，难度可想而知。

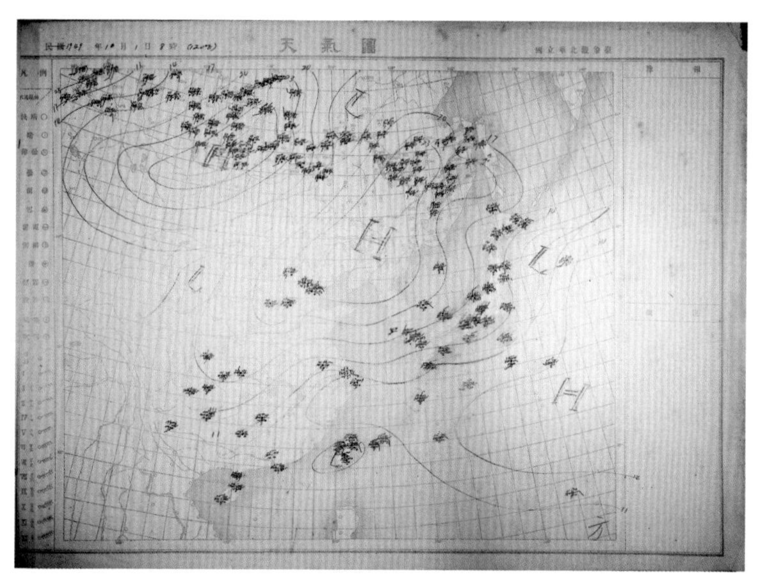

开国大典当天的地面天气图（上午8时）

那时章淹和同事们也刚到北京不久，对北京的天气气候并不熟悉。起初，一些本地观测员说这个时节北京秋高气爽，很少下雨，但也有一些人说可能会有秋雨。既然拿不准，那就查资料。可是资料也匮乏得很。章淹突然想起自己在昆明西南联大读书时，见过清华大学气象系有一套很厚的《世界历史天气图》资料，于是便和同事商量去清华大学查阅。查完资料后，章淹和同事发现北京的秋季也可能会下雨，因此需要格外注意。70年后，章淹回忆起来，还非常庆幸："好在最后找到了这套书，书里的资料给我们做开国大典天气预报帮了大忙。"

1949年9月30日，当拿到绘制好的地面天气图时，章淹和同事开展了一次缜密仔细的天气会商，经过一次又一次地反复校验，他们给出了第二天的预报结论：晴转阴云相间，风向偏东，风力弱。章淹在预报上签下了自己的名字，一夜辗转难眠……

开国大典当天上午9点左右，天空开始不断有云聚集，中午还落下了些许雨点，下午的天气看起来很不乐观。章淹心里一直很紧张。幸运的是，下午3点左右，西北边的天空最先放晴，透出微弱的阳光。

不久，一架架飞机腾空而起，轰鸣声、欢呼声响彻云霄。当预报员们看到飞机从远处飞来，听到人们激动的呼喊声，心中紧绷的弦总算是松了下来。飞机正好是在零星的小雨中间抓住一个空隙起飞，天气没有影响到飞机起飞，空中飞行表演也没有被云遮挡，聚集在天安门广场的人们都看到了我国自己的飞机。

第二节 军委气象局的成立

1949年1月29日，北平和平解放。2月9日，张乃召带领曾宪波、张丽等到羊坊胡同接管了华北气象台。4月1日，华北军区航空处在北平成立。航空处下设场站科，张乃召任科长。场站科下设气象股，邹竞蒙任股长。

1949年涂长望到北平后，很快与中央人民政府取得了联系，打听到了13年前他在清华大学任教时的学生张乃召的下落。涂长望是中国近代气象科学的奠基人之一，新中国气象事业的主要创建人、杰出领导人和中国近代长期天气预报的开拓者。1929年，他毕业于上海沪江大学地理系；1932年，从英国伦敦大学帝国理工学院毕业，获气象学硕士学位；1933年，进入英国利物浦大学地理学院，在地理学家罗士培教授指导下攻读地理学博士学位。1934年夏天，他加入英国共产党华语支部。同年秋天，应竺可桢聘请，涂长望放弃博士学位，提前回国任中央研究院气象研究所研究员。

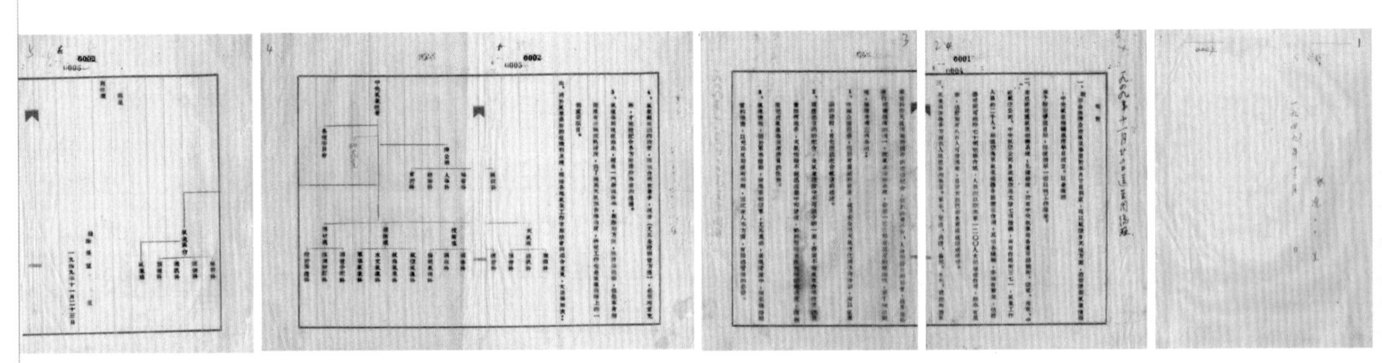

涂长望呈送周恩来总理的关于成立中央气象机构的报告

中央人民政府人民革命軍事委員會任令

茲任涂長望為中央人民政府人民革命軍事委員會氣象局局長

此令

主席 毛澤東

一九四九年十二月 日

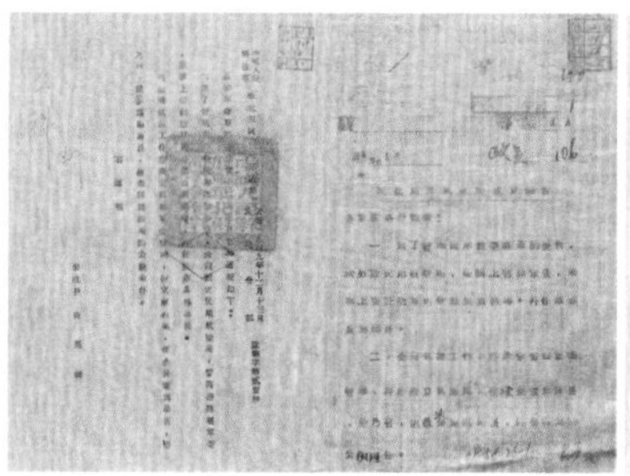

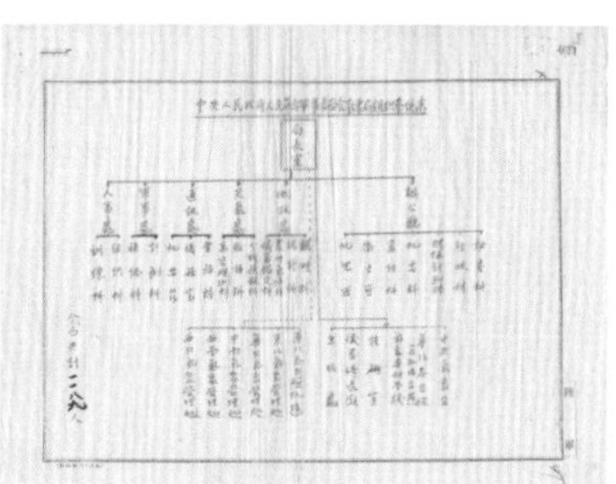

左：涂长望委任状

中：军委气象局成立通告

右：军委气象局成立之初的机构设置

上：中央气象台最早的办公楼旧址，坐落在北京动物园院内

下：军委气象局中央气象台旧址

张乃召与涂长望重逢后，介绍了延安气象台和转战陕晋冀到达华北电专的种种经历，并对涂长望冲破重重困难到达北平参加人民气象事业建设表示欢迎和敬佩。涂长望对张乃召毕业后即参加革命，创建延安气象台、培养气象工作者，并成为全军气象工作的总负责人，给予了极高的评价。他们一起研究接管、整顿旧气象台站，研究尽快培养更多气象人员，并约见知识界知名人士，听取各界对气象工作的意见建议，为新中国气象事业共商大计。

1949年11月20日，涂长望受周恩来总理委托，筹建气象局。12月8日，中央人民政府人民革命军事委员会气象局（简称军委气象局）正式成立。12月17日，中央人民政府人民革命军事委员会颁布第444、445、446号令：毛泽东主席任命涂长望为中央人民政府人民革命军事委员会气象局局长，张乃召、卢鋈为副局长。

至此，人民气象事业进入新纪元。

第三节　局所"联心"聚人才

"联心"，在新中国第一批预报员心中是一个神圣的开端，是联合天气分析预报中心的简称，历经时光、代代传承。

1949年11月，涂长望将一份《中央气象机构亟应早日成立》的报告呈送周恩来总理。12月，军委气象局成立。新中国成立之初，百废待兴，很多气象工作人员和仪器撤往台湾，全国气象台站只有101个，整个预报组只有四五个人，国内军事、航空等领域对气象需求极为迫切。

1950年，涂长望与中国科学院地球物理研究所所长赵九章协商决定，将中国科学院部分精锐人才借调到军委气象局，成立两个重点科技单位——联合天气分析预报中心

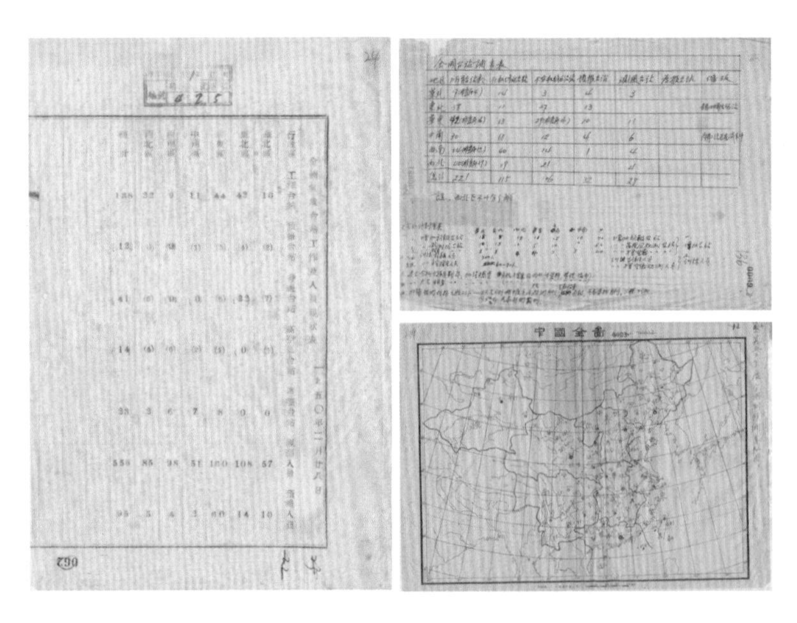

左：全国气象人员统计表
右上：1950年全国气象台站的统计表
右下：1950年全国测候网草图

（简称“联心”），以及联合气候资料中心（简称“联资”），主要任务是为抗美援朝战争提供军事气象保障，并对全国天气预报进行指导和发布。

著名气象学家顾震潮任“联心”主任，陶诗言和曹恩爵任副主任。“联心”集聚了来自中国科学院地球物理研究所、清华大学、军委气象局的一流气象学家，也开创了沿用至今的集体预报会商制度。

专家们到“联心”预报室工作后，敏锐地发现了一系列问题，并随时进行整改。比如，天气图底图不符合国际标准，就请来技术人员重新绘制了带有主要地形标识的一整套天气图底图，将其作为全国气象部门填绘、分析和预报天气的基本工具。再比如，当时气象信息资料和图表很少，不能很好地反映我国周边及全球从地面到高空的大气变化，很难做好天气预报，加之预报员少，填绘完寥寥几张天气图后，都没有时间充分分析，更别说增加信息了。针对这种情况，“联心”采取“五管齐下”的解决办法。一是预报员不再填图，腾出时间做分析预报，同时与清华大学合办一期气象短训班，迅速培养了新中国第一代填图员。二是建议中国科学院地球物理研究所增派科技人员来“联心”工

百叶箱及内部仪器

“联心”正在举行天气会商

左上：总结研究降水问题
右上：填图是一项细致的工作
左中： 集体讨论天气往往能得出更满意的结果
右中："联心"会商
左下：工作人员集体学习

作，并得到响应。三是建议大学增加气象专业学生的培养，增加团队力量。四是寻找改行到其他单位的气象专业毕业生归队，加入"联心"。五是举办全国天气预报员训练班，培养新中国第一批天气预报业务人才。

"联心"建立了新中国气象预报业务的总体架构。不仅开始每日天气会商，每周还组织一次"大会商"，除"联心"预报员外，涂长望、叶笃正、谢义炳、黄士松、朱和周、谢光道、冯秀藻等中国科学院、北京大学、南京大学及军委气象局的专家学者也参加，大大提高了“联心”的实际分析预报能力。

“联心”预报员摆脱国外天气学理论束缚，研究总结出合乎我国所处特殊地理环境的天气系统。如“穿心”冷锋、西北小槽、印缅槽、西南低涡、江淮切变线、南岭准静止锋等，丰富了我国天气学理论，更好地服务人民。1954年夏季，长江中下游连日暴雨，江水猛涨、武汉告急，水位超过历史纪录，党中央有关同志亲自过问汛情。在这关键时刻，预报员用刚建立起来的预报方法，夜以继日地分析研究，给出暴雨不会再下、江水不会再涨的结论。预报成功了，武汉市和江汉平原的万顷良田、无数村庄都保住了，“联心”也因此被人们深深地记住了。

1955年春，“联心”撤销，中央气象台成立预报科，接替“联心”工作。四五年后，中央气象台旧貌换新颜，预报组改变了落后国际水平几十年的状况。“联心”始建时，气象台仅有四五个预报员做24小时短期预报，这时已拥有60多位工作人员，担负起全国短、中、长期及灾害性天气预报工作。

涂长望曾这样评价“联心”：它每天所绘出来的图，在种类和数量上，都可与任何国家的中央预报机构相比。“联心”的成果是奠基性的，在中国气象事业发展历史上的作用是重大的，不论今后中国的气象事业达到如何现代化的水平，“联心”的贡献都不可磨灭。

第四节 “要把天气常常告诉老百姓”

现在，公众早已习惯每日多次通过多种渠道获取天气预报，享受便利的气象服务。但在20世纪50年代初，气象情报和天气预报都属国家秘密，公众想知道明天的天气，多半靠猜。

曾经的秘密

如果以时间划分，公众气象服务的发展大体可以分为两个阶段。第一阶段是1949年12月到1956年6月，气象情报、天气预报均属国家秘密，通过新闻媒介发布会受到保密规定的限制。1956年7月至今，则被认为是第二阶段，天气预报可以公开对外发布，公众气象服务步入全面发展时期。

1949年12月，军委气象局成立，专为国防服务。彼时，全国解放战争尚未结束，盘踞在台湾的国民党残余势力时常骚扰大陆。不久，朝鲜战争爆发，美帝国主义派遣第七舰队入侵我国台湾海峡。内忧外患的情势，使得与军事行动、战争胜负休戚相关的气象情报、天气预报和气候资料理所当然地成为国家秘密，需要加密传送。若需对外发布，则要经过严格的审批和控制。因此，这时的公众气象服务更侧重于重大灾害性天气警报服务。

1951年6月，出于适应我国近海渔业发展和保障生产安全的目的，我国在华东沿海建起了渔业气象站和天气警报所，开始利用广播、信号球方式发布台风警报。1952年，华东军区气象处报告提出，上海作为我国的重要海港，常有船舶到海上作业，一旦遭遇大风、暴雨等特殊天气，往往会遭受重大损失，因此建议遇到6级以上大风时增加两次警报。1952年11月，上海气象台开始公开发布沿海大风预报和警报，上海外滩气象站也自1953年1月1日起，每天两次用中英文给海岸电台拍发海洋气象预报和悬挂大风或台风信号。

与此同时，上海气象台和华东人民广播电台在1952年6月1日到10月31日联合举办台风报告节目，获得巨大成功。每天一到节目播出时间，从政府工作人员到学校学生，各行各业的人们都聚集在收音机前收听节目，有的指定专人抄收，有的还将抄到的台风消息油印成小报传播。刚刚起步的公众气象服务，逐渐在公众面前揭开了神秘的面纱，产生了显著的社会效益和经济效益。

朝鲜战争结束后，国家将要开展大规模经济建设，工农业也急需天气信息指导生产及防范气象灾害，由此，天气信息开始解密。

从1955年3月起，中央人民广播电台开始用日语和朝鲜语公开广播经我国大陆沿海转向日本、朝鲜（包括韩国）的台风、寒潮及其他严重灾害性天气。为此，中央气象局局长涂长望还向这些国家的人民发表了广播谈话，表示中国虽然知道公开灾害性天气警报可能为驻扎在此的美国海军、空军所利用，但为使这些国家的人民能避免或减少损失，仍选择这样做。

天气预报走向公开

1953年我国北方发生了严重的倒春寒，农业生产遭到很大破坏，毛泽东主席很关心，指示“气象部门要把天气常常告诉老百姓”。

在这种背景下，1953年8月1日，为使气象工作更好地为国民经济建设服务，毛泽东主席和周恩来总理联合发布命令，决定气象部门从军队建制转为政府建制。经周恩来核定，军委气象局改名为中央气象局。

1954年，政务院颁布了《关于加强灾害性天气预报、预警和预防工作的指示》。那时主要靠经验，预报预警准确程度不高，传播手段也有限，一般会在高的建筑物上悬挂标志物，形状和颜色都不统一，普及程度也不高。

1956年6月1日，遵照毛泽东主席“气象部门要把天气常常告诉老百姓”的指示，在周恩来总理同意天气实况、天气情况和天气预报使用明码后，中央气象台第一次通过中央人民广播电台和《人民日报》《北京日报》《工人日报》《光明日报》等媒体向广大人民群众提供天气预报服务，受到人民群众的热烈欢迎，拉开了气象信息向公众传播

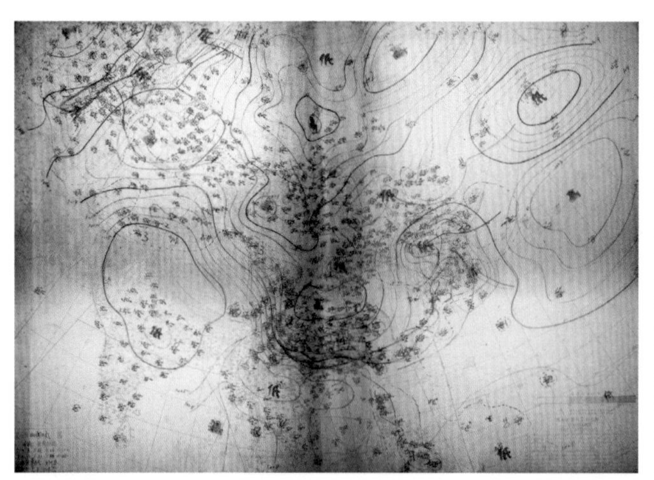

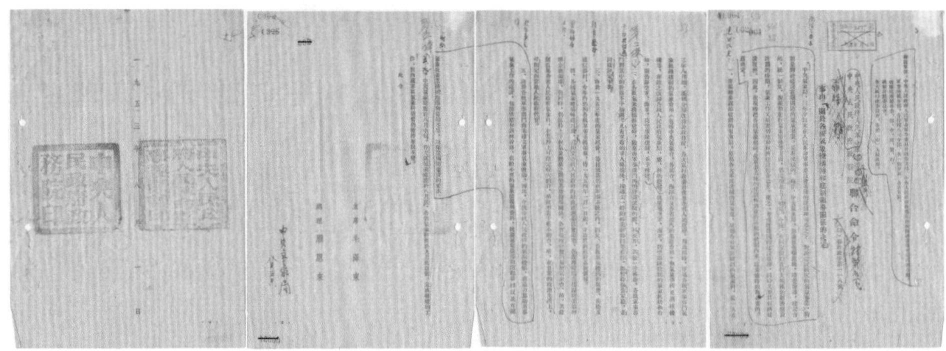

左上：1953年4月11日20时地面天气图
右上："要把天气常常告诉老百姓"出处
（1953年8月24日"关于军委气象局转建动员的报告"）
下：毛泽东主席、周恩来总理联合签署的转建命令

的序幕。自此，天气预报公开传播，公众气象服务如鸟归林、如鱼得水，有了广阔的活动天地，气象工作者开始采用最快捷、最容易为人民群众接受的方式开展工作。

报纸，应该是最早被用来传播气象信息的新闻媒介之一了。1956年后，各级党报纷纷刊载气象部门提供的气象情报和天气预报。改革开放后，各种小型报纸涌现，天气预报在这些报纸中多占据一定位置，而一次重要天气过程发生后，其对当地生产生活产生的影响往往成为各地方报纸的头版新闻。

20世纪90年代，贴近人民生活的气象指数在报纸登场。由于报纸与广播、电视相比，具有可重复阅读优势，成为这些不易被瞬间掌握的气象指数良好的传播途径。这些指数也成为许多地区群众热议的话题。如晾晒指数、啤酒指数等，在传播过程中被读者普遍接受。

人民广播电台的天气预报节目，由于覆盖面广、时效快，很快成为开展公众气象服务的主要手段。

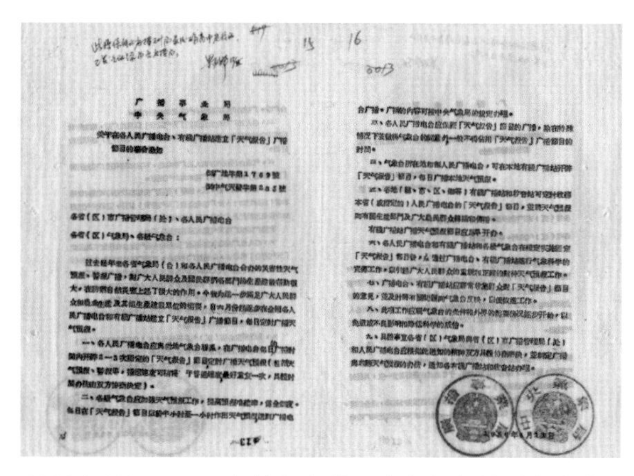
广播事业局
中央气象局

1956年6月11日，广播事业局、中央气象局联合发布天气预报的通知

1956年6月11日，为进一步满足广大人民群众日常生活、农业生产及其他生产建设单位的需要，中央气象局和广播事业局联合下发通知，逐步在全国各地人民广播电台和有线广播站建立天气报告广播节目，每天定时广播。

这一通知奠定了气象、广播两个部门合作开展公众气象服务的基础，为全国各地开展公众气象服务指明了方向，开创了利用广播技术把天气预报快速送到城乡人民中间，送进千家万户的新局面。当时，一家人围坐收听天气预报的画面很常见，也成为许多家庭难忘的温馨时刻。

气象服务范围扩大

气象部门从军队建制转为政府建制后，气象服务范围逐步扩大，更好地为国民经济建设服务。

1954年6月，中央气象局确定了第一个五年计划期间气象工作的方针：气象工作必须为国防现代化、国家工业化、交通运输业及农业生产、渔业生产等服务，有计划有步骤地满足各方面对气象工作日益增长的要求，以防止或减轻人民生命财产和国家资产的损失。之后，中央气象局在全国范围内组建了危险天气通报网，并组织发送广播航空天气电报，保证了军航、民航飞行和机场设备的安全；建立了一批气象台和气候站，服务于渔业、盐业、工业、内河航运、牧业生产等；陆续接管了民航、航空和农林等部门的专业气象台（站、组），为国家和重点工程提供气象资料和预报服务。

1954年3月，政务院发布了《关于加强灾害性天气预报、警报和预防工作的指示》，扩大了气象服务特别是灾害性天气预报的服务范围。气象部门与交通、农业、渔业等部门签订了气象服务合同，联合下发了加强预防台风工作等通知；加强霜冻预报为农业服务，提出“天气预报下乡”，并开展农业气象工作；于1955年开始承担长江、黄河、淮河、海河、松花江、新安江等主要江河流域的气象资料整编和气候分析服务。

1954年3月6日，政务院发布了关于加强灾害性天气的预报、警报和预防工作的指示

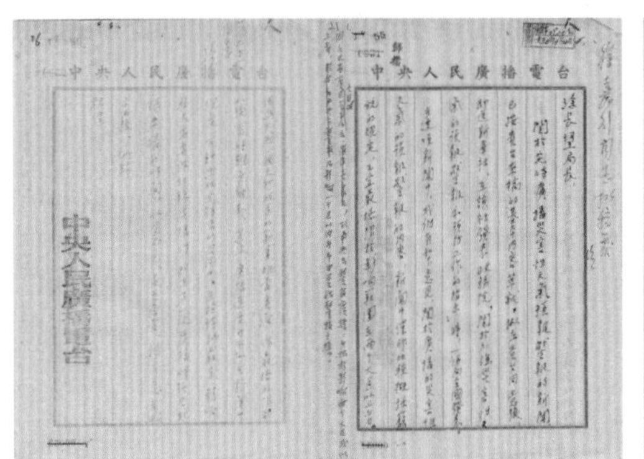

1954年3月12日，中央人民广播电台关于定时广播灾害性天气预报、警报的新闻的意见

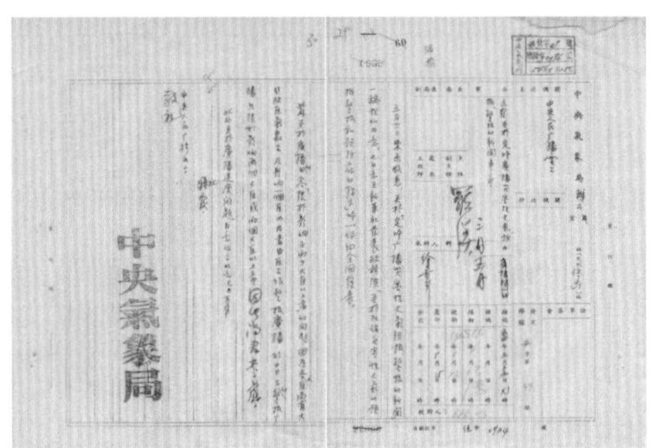

1954年3月15日，中央气象局就“关于定时广播灾害性天气预报、警报的新闻的意见”，给中央人民广播电台的回函

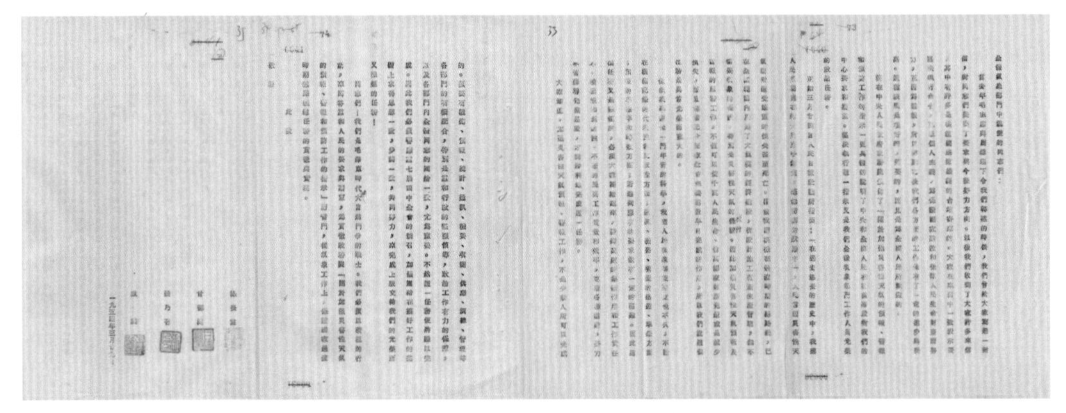

1954年3月29日，中央气象局以局首长的名义向全国气象工作者发出贯彻政务院指示的号召

到20世纪50年代末，气象部门从国情和社会主义建设特点出发，提出了“以生产服务为纲，以农业服务为重点”的气象工作方针。气象工作者广泛开展县气象站补充天气预报和农业气象预报、情报服务，开始探索进行人工影响局部天气试验，进一步打开为经济建设特别是为农业服务的局面。

1958年6月29日—7月9日，全国气象工作会议在桂林召开，涂长望局长在作报告

日照县岚山镇1958年9月16日挂起大风信号旗

调查一次龙卷的灾害情况

听取农民对气象的反映

观摩施放探空气球

预报员向飞行员讲解航行天气

【小故事：天气预报是如何走入百姓视野的？】

讲述人：方齐，气象专家，出生于1922年，亲历我国天气预报从加密到公开发布的过程。

新中国成立初期，我国农业和渔业对天气预报的需求十分强烈。1951年起，逐渐开始针对台风或6级以上大风，在沿海区域利用广播、信号球的方式发布警报。

自1955年3月10日起，遇到有经我国大陆沿海转向日本和朝鲜的台风、寒潮及其他严重的灾害性天气时，中央人民广播电台将根据中央气象台的预报，向日本和朝鲜公开广播。此后，中央气象局便着手酝酿撤销气象保密事宜，使气象资料、情报、预报对外公开。

1956年4月14日，中央气象局机要处通知我，局党组扩大会议决定自5月15日，最迟自6月1日起，气象情报取消加密，要相应地做好有关准备。

接到通知后，我和同事立即行动，当天拟就并上报了《天气处对公开气象广播的措施和建议》，接着开始拟编气象电码和区站号等。当日，涂长望局长批复“统一公开广播使用电码的临时措施，时间自6月1日起用”，对暂行五字电码作了“再仔细校阅后付印”的批示。

取消加密的整个过程只用了8天的时间。大家在各个工作环节上互相支持、紧密协作，这为全国气象台站特别是不少地处边远、交通不便的台站能够按时、顺利地执行创造了条件。

自此，天气预报逐渐走入了百姓的视野。天气预报刚公开时，每个地方根据自己的实际情况，发布预报的次数并不一致。中央气象台一天发布3～4次，主要是8时、14时、17时发布天气预报。由中央气象台制作出的天气预报还通过专线传给中央人民广播电台，供其播报。

此后，为了扩大国际影响，经外交部同意，我国向已建交和尚未建交的共80多个国家分发了通知以及气象电码、区站号和广播节目表等资料。通过我国气象情报的数量、时效和质量，世界各国看到了新中国气象事业在短短几年内取得的非凡成就，无不感到震惊和钦佩。

第五节 成功保障核试验

大国重器原子弹的爆炸也离不开气象保障，气象条件是决定原子弹起爆时间的关键因素之一。

1964年9月初，经过繁忙而紧张的准备工作，中国第一颗原子弹爆炸试验基本就绪，比原计划提前了9天。

9月16日15时，在中南海国务院会议室，中央专委会就核爆炸时间等相关问题进行研究，听取刘西尧依据9月9日由张爱萍、刘西尧署名上报的《首次核试验的准备情况和正式试验的工作安排汇报提纲》的内容。第二天上午10时，周恩来总理继续主持会议，会上对核试验的时机问题有不同的意见。

9月20日，罗瑞卿向中共中央、毛泽东主席呈送了《关于首次核试验时间的请示报告》，认为："根据以上准备情况和气象预报，以今年10月份试验为最好，其次是11月上中旬。11月下旬以后天寒地冻，许多工作不好在野外进行，不宜试验。如需要推迟，则要到明年四五月间，气象条件比较合适。由于原来各项工作都是按10月份试验进行准备的，因此，如果推迟试验时间，这些问题需要重新研究。"

9月22日，中共中央政治局召开常委扩大会议，听取周恩来汇报早试与晚试两个方案，并研究了罗瑞卿的请示报告。毛泽东从战略上进行了分析，会议决定按10月份早试的方案进行，周恩来指出，要规定出一些暗语、密码，由他和贺龙、罗瑞卿三人抓落实。

9月24日晚，张爱萍把落实情况给周恩来、贺龙、罗瑞卿写了书面报告，并附上了核试验场区向北京报告的明密语对照表。明密语对照表中规定：正式爆炸试验的原子弹，密语为老邱；原子弹装配，密语为穿衣；原子弹在装配间，密语为住下房；原子弹在塔上密闭工作间，密语为住上房；原子弹插接雷管，密语为梳辫子；气象的密语为血压；原子弹起爆的时间，密语为零时。有关领导也都有相应的代号，毛泽东是87号，刘少奇是88号，周恩来是82号，贺龙是83号，聂荣臻是84号，罗瑞卿是85号。

9月28日起，正式试验前的各项准备工作有序展开。

10月11日凌晨1时半，周恩来批准试验将在10月15—20日之间选择“零时”以后。

原子弹引爆对气象条件要求非常苛刻：地面风要小，避免核污染物质四处飘散；500米以下必须刮西风，确保不能污染到现场试验人员；3000米以上风要足够大，可以迅速吹散产生的蘑菇云。万事俱备，只欠东风，总指挥部需要气象专家提供可靠的气象预报，保障原子弹爆炸和随后的一系列科学试验成功而安全地进行。这个重任落在顾震潮肩上。此后，张爱萍等与中国科学院气象学家顾震潮等气象预报人员一起，夜以继日研究气象的变化，抓紧确定10月16日左右的天气情况。

12日晚10时30分，代号596的原子弹装配完毕，就等吊装上塔了。

14日18时，张爱萍主持核试验党委常委会议，对气象条件作了慎重研究。根据近几天昼夜密切对天气的监视及全面分析，常委会确定：10月16日进行正式试验。

15日上午，在核试验现场，核试验党委常委再次研究气象。顾震潮带领气象专家会商，认为核爆炸时需要理想的天气，核爆炸之后也要考虑高空风向对烟尘的影响，建议安排在16日15时，不仅光学测量效果好，而且爆炸后还有4小时以上的作业时间，以供完成侦察回收工作。根据气象部门的意见，试验委员会请示周恩来同志后，确定试验时间定在16日15时。

16日凌晨3时许，张爱萍、刘西尧等再次听取气象情况的汇报，对气象预报做了订正，维持15时爆炸的决定。13时30分，刘杰与张爱萍通了保密电话。张爱萍告诉刘杰：“一切正常。最后撤离的人员已于12时56分撤离720到201。血压情况比预计要好。”（720，是主控站所在地的代号；201，是核试验现场指挥所所在地的代号）

10月16日15时，中国第一颗原子弹的冲击波在新疆罗布泊戈壁滩上横扫亘古荒寂，毛泽东办公桌上的电话机丁零零响起来，周恩来略显激动地向毛泽东报告：“主席，我国第一颗原子弹爆炸试验成功了！”

顧震潮同志

訂于一九六五年五月三十日（星期日）中午十二时在人民大会堂新疆厅举行便宴 敬請

光临

周恩来

（請由北門入場）

3、接見后請您在第 2 桌就餐

顾震潮受邀参加核试验成功庆功宴，周恩来总理签发的请柬和菜单

核试验基地气象室全体同志给顾震潮的感谢信

试验成功后，顾震潮接到周恩来同志亲自签发的庆功宴请柬，以及核试验基地气象室全体同志的感谢信。

第六节　唱响第一首气象赞歌

新中国气象事业是在党和政府领导下，克服各种困难发展起来的。1952年，西康省军区派高步仁带领7名青年，从康定县经甘孜藏族自治州到巴塘县建立气象站。路途风雪迷漫，山高路窄，汽车无法通行的地方，他们就用牦牛驮着氢气缸步行。有的地方连牦牛也过不去，他们就人拉肩扛，轮流抬着120多千克的氢气缸继续前进。走进深山老林时，所带的干粮已经吃完了，他们以红军长征事迹为榜样，挖草根、吃野菜渡过难关。历时近一个月，他们终于到达目的地——巴塘县。

1952年冬天，军委气象局召开各大军区气象处处长会议。政治处青年干事张维担任记录员，当他第一次听到西南军区气象处处长彭平同志说起康藏高原建立气象站的许多英雄事迹时，被深深触动。他与马念一、陆同文、阮祖俊几位同事一起，创作了新中国第一首歌颂气象工作者的歌曲——《歌唱巴塘气象站》。

巴塘气象观测站建站初期工作人员记录观测数据的情景

“巴塘要建立气象站，这任务光荣但也困难，甘孜到巴塘的路程远，大风大雪盖高原……”歌词平铺直叙，内容包括接受任务、长途行军、抬氢气缸、过雪山、断粮，最终战胜困难，成功建站。曲调虽没有华彩唱段，但主题鲜明，展现了气象工作者为祖国、为人民、为美好明天，甘愿吃苦、奋斗甚至牺牲的奉献精神。后来在一次演出中，当时正在北京气象学校学习的王启贤提出建议，让张维等人又编了一个序曲，这就是后来流传得更为广泛的《气象员之歌》。

“你看那风标在高空飘动，你听我们的歌声多嘹亮。艰苦是光荣，信心是力量。前进吧！人民的气象员。为了祖国美好的明天，贡献出我们的智慧和力量……”正是这首《气象员之歌》，将气象工作者的精神、作风更简练地概括为“艰苦是光荣，信心是力量”这样闪光的句子。

巴塘气象站建站初期的工作人员

争取做个先进工作者

第七节 曲折中的坚守

“文化大革命”时期，气象事业遭到重创，但广大气象工作人员怀着强烈的事业心和责任感，坚守工作岗位，坚持日常业务工作，保持了气象资料的完整连续，一些重大灾害性天气预报服务还取得了较大的成绩。

气象工作者坚守工作岗位

1966年，1月3—5日，西藏那曲9县遭受雪灾，3万多头（只）牲畜死亡。雪灾中发生疫病，237人死亡。

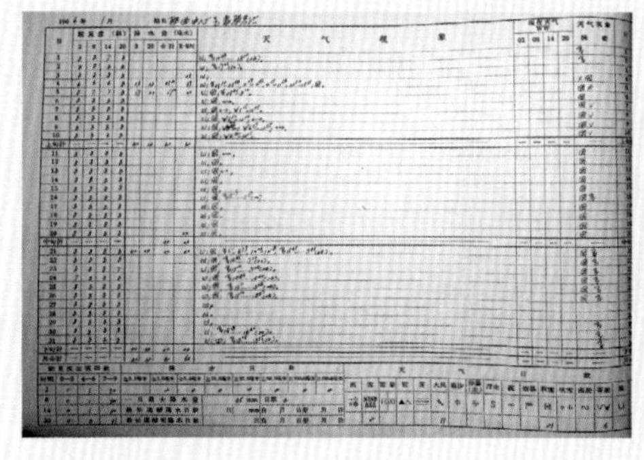

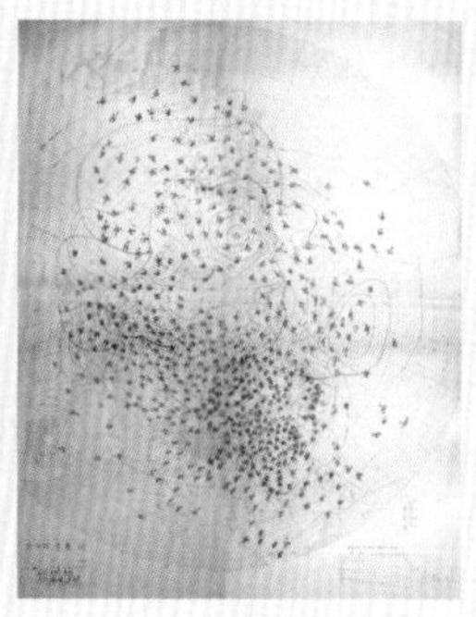

左：那曲基本气象观测记录月报表
右：1966年X月X日北半球地面图

1967年3月26、27日，安徽、江苏、江西、浙江遭受冰雹，伤亡194人。

1968年1—6月，河北、河南、山东、山西、北京、天津、江苏、安徽等地降水比常年同期偏少5至7成，发生干旱。

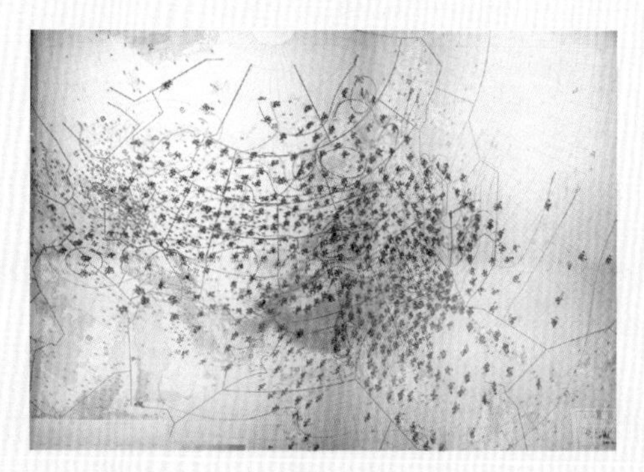

1967年3月27日亚欧地面天气图

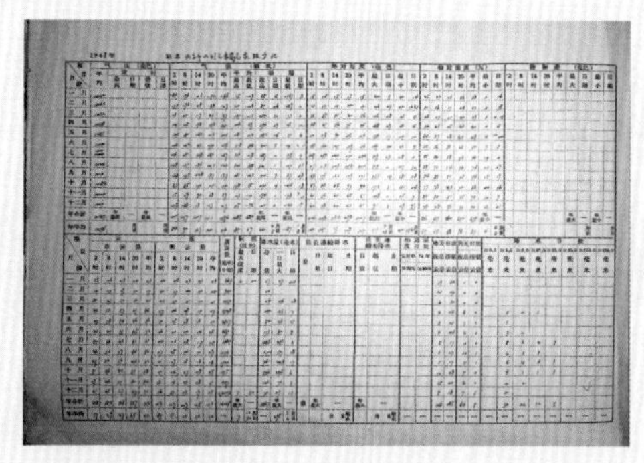

1968年北京地面基本观测记录

1969年1月底至2月初，全国大部分地区均受到寒潮影响。武汉、南京、长沙、上海等地出现−17.4 ℃、−13 ℃、−9.5 ℃、−7.2 ℃的最低气温。

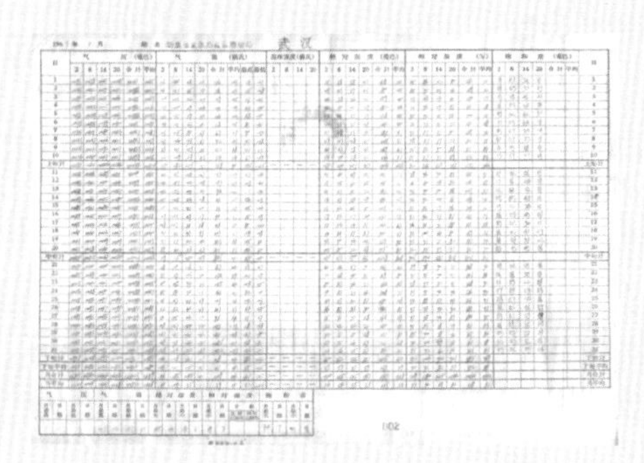

1969年1月武汉气象观测记录月报表

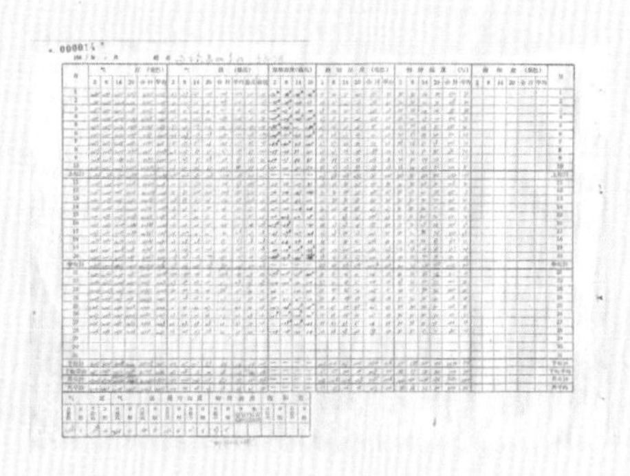

1969年2月南京气象观测记录月报表

1970年9月26日至10月6日，长江中下游大部和华南大部先后出现寒露风，各地晚稻普遍受害，广东南雄晚稻产量损失25%～30%。

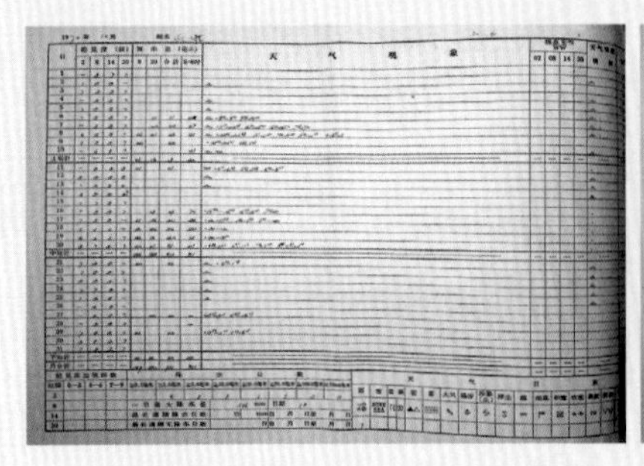

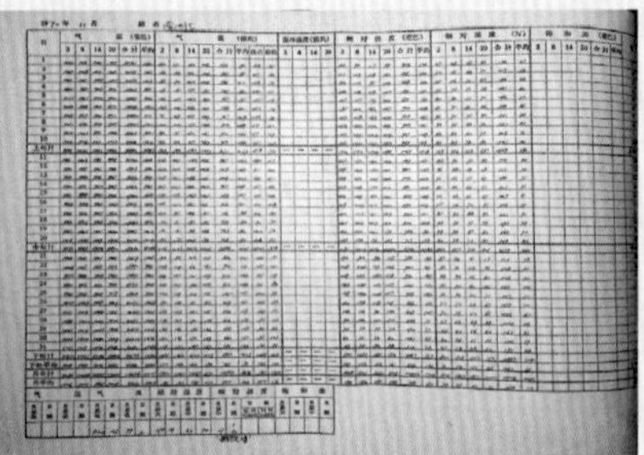

1970年南雄基本气象观测记录月报表

1971年夏，湖北持续酷热。据不完全统计，7月全省有12.34万人中暑。

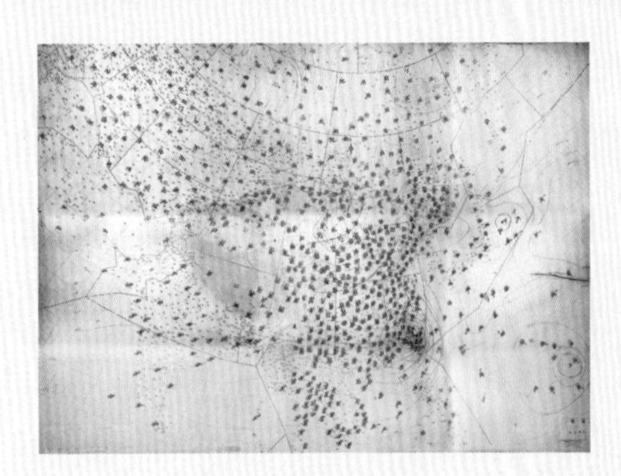

1971年7月26日天气图

1972年7月，3号台风丽塔（Rita）进入黄海南部“盲区”，没有做出准确预报。周恩来总理在中央气象局的检查报告上作了批示，不久在山东半岛成山头部署了测台风雷达。

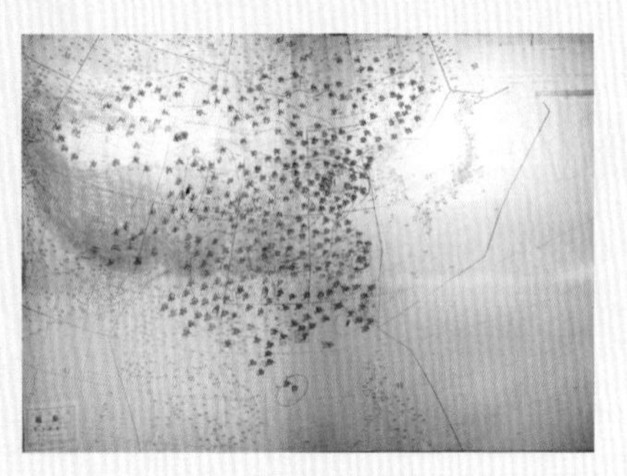

1972年7月27日东亚天气图

1973年7月，湖南省频繁发生雷击事件，29人死亡，60多人受伤。

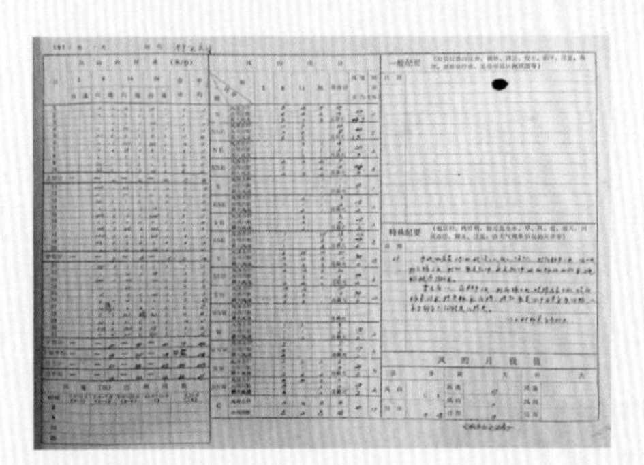

湖南省澧县年报表

1974年，16号台风于8月29日20时至21时在山东荣成沿海登陆，造成47人死亡。

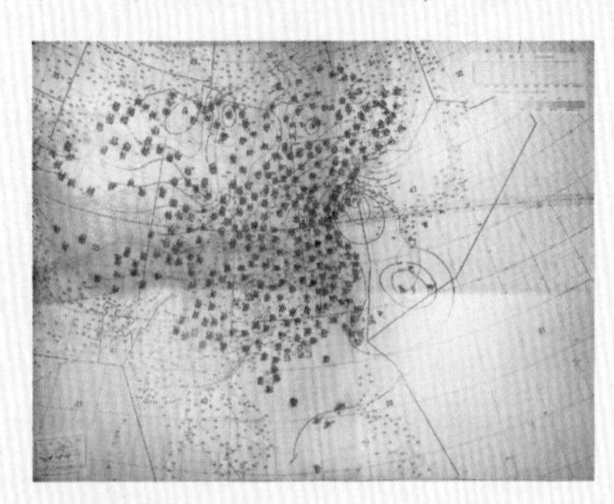

1974年8月29日东亚地面图

1975年8月5—8日，受台风影响，淮河流域洪汝河、沙颍河上游及长江流域唐白河上游发生了历史罕见的特大暴雨。2座大型水库、2座中型水库、58座小型水库垮坝，1.2万平方千米淹没，2.6万人丧生。

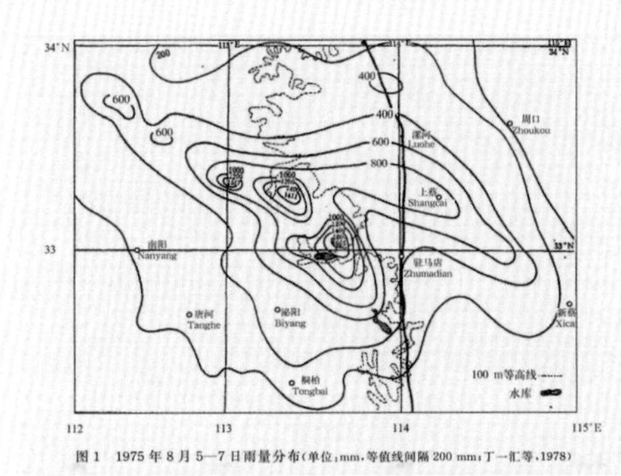

图1 1975年8月5—7日雨量分布(单位:mm,等值线间隔200 mm;丁一汇等,1978)

1975年8月5—7日雨量分布

1975年河南驻马店暴雨

即便在那个年代，中央领导同志仍然关心气象事业发展，如1969年，周恩来总理指出：“气象工作对国计民生各方面都有直接影响，我们研究气象就是使一切有生命的力量都能够很好地生存，让植物、动物很好地生长，就是为了保护人民，首先是保护劳动人民。”同年，他在与气象工作者谈话时说：“气象对邮电、铁路、交通、工业、农业、航海、航空、牧业、渔业等各方面都有影响，劳动人民的各种正常的生产都要受到影响。气象人员要到现场去看看，懂得一些气象对劳动人民生活，海上航行，铁路交通运输影响的情况。”到了“文化大革命”后期，气象业务、科研和技术装备取得了一定的发展。1970年，北京建成了第一组无线电传气象广播，1974年开始筹建第一组气象传播广播——北京气象传真广播。同时，开始筹建北京气象通信枢纽、卫星气象中心。

1984年：

国家气象局印发《气象现代化建设发展纲要》，开启了我国气象现代化建设的新征程

1988年：

我国第一颗气象卫星风云一号A星发射成功

1994年：

《气象事业发展纲要（1991—2020 年）》和《气象事业发展十年规划（1991—2000 年）》正式印发

1997年：

天气预报人机交互处理系统（MICAPS 1.0）通过业务验收，并进行全国业务布点

2000年：

《中华人民共和国气象法》施行；

卫星通信气象综合应用业务系统（代号9210 工程）通过验收并投入业务运行

我国第一部新一代天气雷达（CINRAD/SA）正式投入业务运行

2006年：

国务院印发《国务院关于加快气象事业发展的若干意见》

第五章 腾飞中的气象现代化

2015年：

中国气象局印发《全国气象现代化发展纲要（2015—2030年）》

2016年：

6月，我国自主研发的全球预报系统（GRAPES-GFSV 2.0）正式业务运行并面向全国下发产品

2017年：

中国气象局启动气象服务保障国家重大战略专项设计工作

2018年：

世界气象中心（北京）正式挂牌运行

2019年：

国产“曙光”高性能计算机系统投入业务运行

2020年：

我国全面实现地面气象观测自动化

1978年，中国共产党召开具有重大历史意义的十一届三中全会，开启改革开放历史新时期。在党中央、国务院的领导下，全国气象工作者以一往无前的进取精神和波澜壮阔的创新实践，开创了中国气象事业快速发展的崭新局面。

第一节　顶层设计擘画事业发展蓝图

改革开放40余年来，气象部门实施了一系列重大战略措施，加强总体规划设计，全面推进现代气象业务体系建设。启动实施了一大批气象重点工程，建成了世界先进的现代气象观测系统，完善的现代气象预报预测系统，完备的现代气象信息系统，我国气象现代化整体水平迈入了世界先进行列。

1978—2012年

党的十一届三中全会之后，国家气象局把工作重点转移到气象现代化和提高气象服务效益上来。1984年1月，全国气象局长会议通过《气象现代化建设发展纲要》（简称《纲要》），明确了到2000年气象工作的基本任务、气象事业现代化建设的奋斗目标、战略重点、实施步骤和分阶段任务以及保障措施，提出到2000年要建成适合我国特点、布局合理、协调发展、比较现代化的业务技术体系。随着气象科技发展日新月异，1993年，国家气象局又颁发了《气象事业发展纲要（1991—2020年）》和《气象事业发展规划（1991—2020年）》。

这一时期，气象卫星从无到有。1982年12月，气象卫星资料接收处理系统工程——资料处理中心大楼（711-5-0）破土动工，1987年完工。1988年9月7日，我国第一颗气象试验卫星风云一号（FY-1）A星发射成功。“风云二号C星业务静止气象卫星及地面应用系统”总体质量达到同期国际先进水平，荣获2007年度国家科技进步一等奖。

这一时期，天气雷达组网快速发展。自20世纪70年代起，我国陆续研制出711、713、843天气雷达，并根据天气气候特点，明确了天气雷达监测组网原则。1990年底，布建各类天气雷达240部，基本建成天气雷达监测网。1999年9月，第一部国产新一代多普勒天气雷达在安徽合肥投入业务使用。到2012年，建成了178部新一代多普勒天气雷达，形成了覆盖全国的新一代天气雷达监测网。

这一时期，数值预报业务取得重大进展。1982年，自主开发的短期数值预报业务系统（简称B模式）投入使用，填补了我国这一领域的空白。1991年6月，我国第一个中期数值预报业务系统（简称T42L9）建成并投入业务运行，使天气预报时效从3天延长到7天，准确率不断提高。1997年9月，气象信息综合分析处理系统（MICAPS）在北京通过验收，并在全国进行业务布点，使天气预报业务实现了从传统手工作业方式向人机交互方式转变。天气预报业务转到以数值天气分析预报产品为基础、预报员综合应用各种技术方法和经验的轨道。2006年，自主开发的区域数值预报模式系统（GRAPES-Meso）、全球集合预报模式（T213）投入业务运行。2008年，T213升级到T639并投入业务试运行。

这一时期，信息网络和高性能计算机快速发展。1980年1月，北京区域通信枢纽系统工程（BQS系统）投入业务运行，使我国气象通信开始告别手工作业和半自动化通信方式，在国内率先实现计算机自动化通信。1998年，气象现代化建设中规模最大、覆盖全国的大型气象通信网络工程“气象卫星综合应用业务系统”（9210工程）建成。1993年8月，国产银河Ⅱ巨型计算机在中国气象局安装成功，结束了我国气象部门没有亿次巨型机的历史。1994年10月，中国气象局首次引进美国CRAY公司CRAYC92巨型计算机。2001年11月，中国气象局形成光纤千兆以太网主干、百兆快速以太网到桌面全交换的国家一级信息“高速公路”。2008年5月，覆盖省级系统的全国气象宽带网络主干MPLSVPN（多协议标记交换虚拟专用网络）系统建设完成。2012年，气象数据卫星广播系统（CMACast）投入业务运行。

这一时期，气候业务能力迅速增强。20世纪90年代，引进发展了全球海气耦合模式（BCC_CSM1.0）、区域气候模式（RegCM_NCC）等。1996年起，在国家和省（自治区、直辖市）建立气候业务系统，动力气候模式从无到有。2008年底，建成大气-陆面-海洋-海冰多圈层耦合的气候系统模，发展IPCC第五次评估报告（AR5）所要求的气候变化研究的多圈层气候系统模式版本BCC_CSM1。

这一时期，应对气候变化工作积极拓展。20世纪80年代末，时任世界气象组织主席的国家气象局局长邹竞蒙推动了政府间气候变化专门委员会（IPCC）的创建。在IPCC历次评估报告的编写过程中，中国科学家做出了巨大贡献。2002年，中国气象局组织召开中国气候大会，2006年承办地球系统科学联盟（ESSP）全球环境变化科学大会。

2012年以来

党的十八大以来，气象部门认真落实中央重大决策部署和习近平总书记重要指示批示精神，推动气象事业由快速发展进入高质量发展阶段。2012年，中国气象局开展“率先基本实现气象现代化”试点，2013年提出全面推进气象现代化建设的要求，2015年印发《全国气象现代化发展纲要（2015—2030年）》，2017年开展了气象服务保障国家生态文明建设、军民融合发展、综合防灾减灾救灾、“一带一路”建设等四大专项设计，2018年全国气象局长会议提出全面建成现代化气象强国的奋斗目标，2019年进一步推进了以业务技术体制改革为重点的六大改革发展任务。

这一时期，加快了综合气象观测业务改革发展。2014年起全面推进观测自动化，实现无人值守观测，地面观测站网布局进一步优化。2017年成功发射了风云三号D星气象卫星，风云四号A星成功交付使用，实现极轨气象卫星业务组网观测，静止气象卫星升级换代。

这一时期，提升了气象预测预报能力。我国已经可以提供包括全国5千米智能网格气象要素预报，临近、短时、短期、中期、延伸期预报以及月、季、年气候预测等预报预测产品。中国自主研发的全球和区域数值天气预报模式系统，北半球可用预报时效达到7天。基本建成了中国气候观测系统和多圈层耦合的新一代气候系统模式，气候系统模式性能跻身国际前列。24小时晴雨预报、暴雨预报、台风路径预报达到世界先进水平。气象预报预测已经成为广大人民群众日常生活的“必需品”和“公共品”。

这一时期，建立了集约高效的业务运行机制。2015年，实施气象信息系统集约化建设，建成气象云国家级中心，国省两级建立起预报预测和服务等业务应用系统与全国综合气象信息共享平台（CIMISS）“直连直通”的一体化业务流程。2016年，推动预报业务集约化发展，天气气候业务向国家和省级集约，县（市）级建立综合气象业务。

这一时期，推进了智慧气象发展。2015年，中国气象局把“智慧气象”作为现阶段全面推进气象现代化的重要内容和标志，并将气象“十三五”发展的目标确定为着力构建气象现代化“四大体系”，即现代气象监测预报预警体系、现代公共气象服务体系、气象科技创新和人才体系、现代气象管理体系。

总之，气象部门围绕国家发展和人民需求，坚持趋利避害并举，建成了世界上保障领域最广、机制最健全、效益最突出的气象服务体系。始终坚持气象现代化建设不动摇，建成了世界上规模最大、覆盖最全的综合气象观测系统和先进的气象信息系统，建成了无缝隙智能化的气象预报预测系统。始终坚持党对气象事业的全面领导，以政治建设为统领，全面加强党的建设，秉承“准确、及时、创新、奉献”的气象精神，在拼搏奉献中践行初心使命，为气象事业高质量发展提供坚强保证，用几十年的时间，干出了一片新天地。

第二节　需求引领构建特色服务体系

改革开放40余年来，气象部门不断强化气象服务管理职能，拓展气象服务领域，开放气象服务市场，不断推进完善气象服务体制，逐步形成了中国特色气象服务体系。

1978—2012年

这一时期，气象服务的理念不断创新。1984年，国家气象局印发《气象现代化建设发展纲要》，指出“气象服务是气象工作的根本目的和体现”，要“全面运用各种气象服务手段，不断提高服务质量和社会、经济效益，为国民经济和国防建设服务”。1995年，第三次全国气象服务工作会议提出，坚持在公益服务与有偿服务中把公益服务放在首位，在决策服务和公众服务中把决策服务放在首位，在为国民经济各行各业服务中以农业服务为重点的“两首位一重点”气象服务理念。2000年，第四次全国气象服务工作会议提出气象服务是立业之本，并努力做到“一年四季不放松，每个过程不放过”。2005年，提出“以人为本、无微不至、无所不在”的服务理念。2006年9月，“公共气象、安全气象、资源气象”的发展理念写入《气象事业发展“十一五”规划（2006—2010年）》。2007年，提出气象服务必须面向民生、面向生产、面向决策。2008年9月第五次全国气象服务工作会议提出“需求牵引、服务引领”的气象业务发展理念。

这一时期，决策气象服务放在首位。1990年，全国气象局长会议正式确定“决策气象服务”概念。每当预报出现重大灾害性、关键性天气前，气象部门通过电话、简报、当面汇报等形式向党政领导汇报，争取指挥防灾减灾的主动权。1997年，中国气象局决策气象服务系统建成并投入业务运行，国省两级决策气象服务专门机构和专职队伍建立。2000年1月1日，《中华人民共和国气象法》实施，标志着气象防灾减灾步入了制度化和法治化发展阶段。2005年，中国气象局成立应急管理办公室，加强对全国决策气象服务的指导和协调。2006年6月12日，国务院印发《国务院关于加快气象事业发展的若干意见》（国发〔2006〕3号），明确要求必须高度重视气象灾害防御，坚持避害与趋利并举，建立各级政府组织协调、各部门分工负责的气象灾害应急响应机制，构建气象灾害预警应急系统，最大限度减少气象灾害损失。2007年7月，国务院办公厅印发《关于进一步加强气象灾害防御工作的意见》（国办发〔2007〕49号），同年9月18日全国气象防灾减灾大会成功召开，初步确立了“政府主导、部门联动、社会参与”的气象防灾减灾工作新机制，气象灾害防御体系初步形成，推动了以天气预报服务为主向以灾害性天气监测预警预报服务为主转变。《国家气象灾害应急预案》《气象灾害防御条例》《国家气象灾害防御规划（2009—2020年）》《关于加强气象灾害监测预警及信息发布工作的意见》（国办发〔2011〕33号）等重要法规、文件为气象防灾减灾营造了良好的法治环境，并实现了气象防灾减灾由部门行为向政府行为的转变。

这一时期，为农气象服务持续加强。1983年初，国家气象局组建国家级农业气象情报业务，我国农业气象业务进入新的发展阶段。1987年，开展了国内主要作物产量预报业务。1995年，农业气象情报预报服务正式纳入气象基本业务，形成了具有中国特色的农业气象服务业务体系。2010年，中央一号文件提出“要健全农业气象服务体系和农村气象灾害防御体系，充分发挥气象服务‘三农’的重要作用”。气象部门积极推进“两个体系”建设，专业化的农业气象监测预报技术体系日趋完善，面向地方特色的现代农业气象服务初具规模，保障粮食安全的气象防灾减灾服务已经覆盖农业生产全过程，农业适应气候变化的决策服务初步形成，一支农业气象服务队伍逐步建立。基本形成县、乡、村三级气象防灾减灾组织管理体系以及横向到边、纵向到底的基层气象灾害应急预案体系，农村气象灾害监测预报能力显著提高，农业、农村、农民防御气象灾害的能力明显提升，农业气象灾害风险损失逐年降低。

这一时期，气象服务领域不断拓宽。1986年和1987年，森林防火气象服务、远洋导航气象服务分别起步。20世纪90年代，中国气象局通过与农业、林业、水利水文、航空、海洋、交通、电力、环境、国土资源、公安、卫生、体育等国家主管部门的有效合作，使我国专业专项气象服务达到了一个新的水平。水文气象服务、海洋气象服务、环境气象服务、地质灾害气象服务、交通气象服务、航空气象服务、能源气象服务、旅游气象服务、保险气象服务等专业专项气象服务业务体系基本建成，省级以上气象部门建立形成了相关专门机构和专职人员队伍，一些高相关行业还建立了行业专业气象服务机构和队伍，专业气象服务取得了良好的经济效益和社会效益。

这一时期，公众气象服务日新月异。1980年7月7日，中央电视台电视节目《新闻联播天气预报》诞生，开启电视传播公共气象服务先河。1990年6月，国家气象局印发《关于通过中央电视台播发气象信息的通知》，各级气象部门制作的天气预报服务节目陆续登上当地电视台。进入20世纪90年代，气象声讯电话蓬勃发展。1997年，中国气象局官方网站上线。2000年起，手机短信气象服务迅速兴起。2001年6月，中国兴农网正式开通。2006年5月，中国气象频道正式开播，这是我国首个全天候的气象数字频道。2008年7月，公众气象服务门户网站——中国天气网正式上线运行。2011年7月，智能客户端“中国天气通”上线。2012年5月，中国旅游天气网上线。气象部门还逐步开始利用微博、微信等新媒体渠道，提供更具针对性的公众气象服务。

这一时期，气象科技服务快速发展。为缓解气象事业维持和发展资金短缺的矛盾，国家气象局于1985年3月向国务院呈送了《关于气象部门开展有偿服务和综合经营的报告》，国务院办公厅以国办发〔1985〕25号文转发了这个报告。国务院办公厅25号文件下发后，气象部门的有偿专业服务得到了快速发展，打破了气象部门长期处于的封闭或半封闭状态，拓宽了走向社会的大门。1992年，国家气象局提出气象事业结构由基本气象系统、科技服务和多种经营构成的“三大块”战略思路。1999年，中国气象局提出建立由“气象行政管理、基本气象系统、气象科技服务与产业”三部分组成的气象事业发展新格局。2003年1月，全国气象局长会议提出，走规模化、集约化的发展道路，推进气象科技服务与产业化向更高水平迈进。2007年，中国气象局下发《气象科技服务管理暂行办法》，并再次召开气象科技服务工作会议，强调坚持公共气象服务的发展方向，提高科技含量，强化管理，取得更大的社会效益和经济效益。

2012年以来

这一时期，政府在公共气象服务的职能和作用不断强化。2014年10月，第六次全国气象服务工作会议明确提出构建气象服务业务现代化、主体多元化、管理法治化的中国特色现代气象服务体系，建立政府购买公共气象服务机制，引导社会资源和力量开展公共气象服务。2015年，国家预警信息发布中心成立。国务院办公厅秘书局印发《国家突发事件预警信息发布系统运行管理办法（试行）》。2015年，《关于推进气象部门政府购买服务工作的通知》印发。

这一时期，气象部门在公共气象服务中的基础作用不断加强。基本形成了省（自治区、直辖市）—县市（区）—街道—社区网络为一体的城市突发事件预警体系，落实了“政府主导、部门联动、社会参与”的气象灾害防御机制和应急体系。全国气象为农服务“两个体系”建设基本完善。形成了国家级精细化气象预报服务产品加工制作能力，建立完善了公众气象服务业务指导与产品共享机制，创新气象服务供给产品与机制。2017年，气象信息决策支撑平台在国务院应急管理办公室部署运行。

这一时期，国家级、省级气象服务进一步集约。2015年，将面向企业的县级专业气象服务向省市级集约，基本完成影视、网络、短信、电话等公众气象服务业务系统建设和精细化产品制作向省市级集约，建设形成了省市级一体化公共气象服务平台。试点改革划分事业单位及国有企业公共气象服务业务界面，探索建立现代企业制度。

这一时期，气象服务市场和社会组织快速发展。建立公平、开放、透明的气象服务市场规则，形成统一的气象服务市场准入和退出机制，鼓励和支持气象信息产业发展。以上海自贸区气象服务市场管理体系建设为试点，依托浦东新区气象局成立自贸区气象服务和管理中心，建成一体化气象社会管理信息系统。全国各类气象服务企业达蓬勃发展，主要集中在气象信息增值服务、雷电防护技术与咨询服务、专业气象服务、气象仪器装备制造、气象工程咨询、气象软件开发等领域。2015年，组建了气象部门第一个全国性行业协会——中国气象服务协会。

如今，我们已经建成世界一流的中国特色气象服务体系，广泛开展决策气象服务、公众气象服务、专业气象服务、专项气象服务、气象科技服务。气象服务领域从改革开放初的以农业气象服务为重点拓展至涵盖经济社会发展的各行各业，为国家重大战略实施、经济社会发展、人民群众生产生活提供了强有力的气象服务保障。近年来，气象灾害导致的死亡人数、灾害损失占GDP比重持续下降，公众气象服务满意度稳定在90分以上，气象科学知识普及率超过80%。我国已经成为气象服务体系最全、保障领域最广、服务效益最为突出的国家之一。

第三节 创新跑出科技追赶加速度

改革开放40余年来，气象部门通过改革气象科技教育体制机制，激发气象科技创新动力和发展活力，提升科技创新驱动气象事业发展能力。

1978—2012年

党的十一届三中全会以后，按照国家科技和教育体制改革要求，气象部门加快气象科技教育体制改革，科技和教育成为支撑事业发展的重要基础。

这一时期，加强了气象科技发展顶层设计。1978年印发《1978—1985年气象科技发展规划》，1982年印发《1981—1985年气象科研发展规划和十年设想的纲要》，1985年制定《气象科学技术研究体制改革方案》，1986年8月下发“七五”科研教育计划，1988年印发《关于深化气象科学技术研究体制改革的意见》。1991年10月，全国气象科技工作会议首次提出依靠科技进步推动气象事业发展的战略思想。1996年1月，全国气象科学技术大会首次明确提出实施“科教兴气象”战略。2006年5月，中国气象局联合科技部、国防科工委、中国科学院、国家自然科学基金委员会召开气象科学技术大会，通过首部由五部委联合颁布的行业科技发展规划《气象科学和技术发展规划（2006—2020年）》。2007年11月，中国气象局、科技部、教育部、国防科工委、中国科学院、自然科学基金委员会等六部委联合发布了《国家气象科技创新体系建设意见》（气发〔2007〕385号）。

这一时期，拓展了气象科研体系。20世纪90年代，气象部门初步形成了颇具特色的三级气象科研体系，即国家级气象科研机构、区域气象中心研究所和省级气象科学研究所，科研人员队伍不断壮大，科研能力显著提高。进入21世纪，中国气象局积极推动气象科研院所的改革与发展，初步建立“职责明确、评价科学、开放有序、管理规范”的气象科学研究院所体系。构建了气象部门重点实验室体系，确定了气象业务单位是气象科技创新体系的重要组成部分。气象部门以外的气象科研机构也得到迅速发展，主要分布在中国科学院系统、高等院校系统和军队系统。中国气象局与有大气科学及相关学科专业的高等院校开展全方位合作，构建了气象科研开放合作新格局。

2012年以来

党的十八大以来，气象科技创新以问题为导向，以核心科技为重点，以体制机制创新为突破，气象科技创新工程建设取得明显进展。

这一时期，围绕核心技术突破深化科技体制改革。2013年，中国气象局对天气、气候、应用气象、综合观测四项研究计划进行了滚动修订，加快解决制约气象业务发展的关键科技问题。2014年10月，中国气象局印发《国家气象科技创新工程实施方案（2014—2020年）》，明确了高分辨率资料同化与数值天气模式、气象资料质量控制及多源数据融合与再分析、次季节至季节气候预测和气候系统模式三大攻关任务。同年11月，中国气象局印发《气象科技创新体系指导意见（2014—2020年）》，明确了气象科技创新体系支撑气象现代化建设思路和气象科技改革发展重点任务。统筹制订科研基础条件2016—2018年建设规划，强化野外科学实践基地规范化管理，推进大型科学仪器设备开放共享，提出优化气象科研院所学科布局，建立科研和业务有机结合、以核心业务为导向的学科体系和创新团队，针对重大业务技术集中力量联合攻关。

这一时期，改革了科技成果转化奖励机制。2014年，印发《气象科技成果转化奖励办法（试行）》，强化科技成果转化应用和开放共享。2015年印发《中国气象局科学技术成果认定办法（试行）》，深入推进气象科学研究院改革试点，改革评价考核和工资分配机制。2016年出台《加强气象科技成果转化指导意见》，扩大中试基地（平台）试点。2017年印发《关于增强气象人才科技创新活力的若干意见》《中国气象局职称评定管理办法（试行）》《气象正高级职称评审条件》等9个部门层面的配套措施，建立健全以科技创新质量、贡献、绩效为导向的评价分配制度及风险防控机制。

这一时期，改革了气象科技分类评价体系。2013年印发《中国气象局关于加强气象科研机构评价工作的指导意见》，强化以科技创新对业务发展实际贡献为核心的分类评价。2014年印发《气象科技创新体系建设指导意见（2014—2020年）》，进一步健全气象科技评价机制，注重发挥业务用户单位、成果中试基地（平台）的评价作用，对科技成果进行分类评价，评价结果作为科技资源配置、绩效考核等的重要依据。

这一时期，实施了国家气象科技创新工程。2014年，中国气象局启动实施国家气象科技创新工程。工程实施的主要改革措施包括五方面：一是建立相对持续稳定支持的资助模式，对攻关团队保证70%以上稳定经费支持；二是建立专项激励政策，实行绩效津贴鼓励和目标考核奖励；三是建立职责明确、分级管理、协调推进的工作机制，落实法人责任制；四是强化开放合作，积极引导本部门、全行业及海内外智力开展联合攻关；五是建立分级分期考核评估机制，成立第三方评估专家组，实行决策、执行和评价相对独立、相互制约、协调促进的工作机制。

经过一代代气象科技工作者的不懈努力，气象科技核心竞争力不断提高。建立起较完善的国家气象科技创新体系，形成了由9个国家级气象科研院所、23个省级气象科研所，28个国家级、省级重点实验室，31个野外科学试验基地以及中国科学院相关院所、25所合作高等院校构成的气象科技创新格局。9000多项科研成果获奖，其中99项获国家级奖励，包括国家最高科学技术奖2项、国家自然科学奖25项、国家科学技术进步奖71项、国家技术发明奖1项。气象雷达、卫星、数值预报、气候变化、数据应用等气象核心和关键技术取得重大突破。我国自主研发的GRAPES全球数值天气预报模式系统实现业务运行，台风路径和暴雨预报达到世界先进水平，气候系统模式跻身世界先进行列。中国气象局全面参与国际气象科学研究计划，推进全球气象创新战略，与气象科技发达国家、“一带一路”沿线国家开展双边或多边气象科技合作。3项科研成果获国际气象组织奖，地球科学研究领域的学术影响力进入全球研究机构排名不断前移，多项科技成果被世界各国广泛应用与借鉴。我国气象科技创新发展水平从以跟踪为主步入跟踪与领跑并存的新阶段，成为具有重要国际影响力的气象科技大国。

第四节 全面提升科学管理水平

改革开放40余年来，气象部门建立了完善的气象领导管理体制，完善了相应的运行机制，提升了气象科学管理水平，形成了气象法治保障体系，有力推动了气象事业发展。

1978—2012年

1981年，国务院批准气象部门实行“气象部门与地方政府双重领导，以气象部门领导为主”的领导管理体制。随后在实践中完善了与这一领导管理体制相适应的计划财务体制。

1982年，中央气象局更名为国家气象局，列为国务院直属机构，省级以下气象部门也进行了相应机构改革。在1993年国务院机构改革中，国家气象局更名为中国气象局，由国务院直属机构改为国务院直属事业单位。1998年3月，在国务院机构改革中，中国气象局仍是经国务院授权、承担全国气象工作政府行政管理职能的国务院直属事业单位，保持原有的工作职能和领导管理体制。2001年，气象部门实行地市级气象管理机构过渡为依照公务员管理的重大改革，形成了国家、省、地三级气象管理体制。

1999年，全国气象局长工作研讨会提出气象事业结构由“三部分”组成的构想，即气象事业由气象行政管理、基本气象系统、气象科技服务与产业三部分组成，并于2000年2月印发《关于深化气象部门改革的若干意见》。21世纪初，全国省级和地级以上气象部门基本形成了“三部分”气象事业结构。

2000年1月1日，《中华人民共和国气象法》正式实施。国务院相继制定出台了

《人工影响天气管理条例》《气象灾害防御条例》《气象设施和气象探测环境保护条例》三部行政法规。各地积极推进气象法规建设，制定与《中华人民共和国气象法》相适应的地方性法规。以气象法律为依据，由若干气象行政法规、部门规章、地方性气象法规、地方政府气象规章构成的相互联系、相互补充、协调一致的气象法律体系初步形成。1992年，原国家质量技术监督局批复了气象行业标准归口管理范围，明确了气象行业标准代号为QX，我国气象标准建设正式起步。进入21世纪，建立了由气象国家标准、行业标准和地方标准组成的覆盖气象工作各个领域的、分层次的气象标准体系。

2012年以来

这一时期，加快行政审批制度改革。2015—2017年，中国气象局分4批取消8项行政审批事项，取消比例达到50%。75%的行政许可事项精简了申报材料。实体大厅建设与网上办公平台同步推进，权力运行公开透明。严格落实行政审批时限“零超时”要求。2016年制定了《气象台站迁建行政许可管理办法》《新建扩建改建建设工程避免危害气象探测环境行政许可管理办法》。31个省（自治区、直辖市）气象局均对外公布权责清单，并建立清单更新备案工作机制。

这一时期，全力推进防雷减灾体制改革。2013年，联合安监总局印发《关于加强烟花爆竹企业防雷工作的通知》（安监总管三〔2013〕98号），联合住建部发布《农村民居雷电防护工程技术规范》（GB 50952—2013），联合国家文物局发布《文物建筑防雷技术规范》（QX 189—2013），与工信部、国管局、电监会和认监委等部门合作强化防雷社会管理职能。2015年制定了《雷电防护装置检测资质管理办法》。2016年全面推进全国防雷体制改革。中国气象局印发《中国气象局关于贯彻落实<国务院关于优化建设工程防雷许可的决定>的通知》，与住房和城乡建设部等11部委联合印发《关于贯彻落实<国务院关于优化建设工程防雷许可的决定>的通知》，各省级人民政府均相继出台贯彻落实的具体实施意见。同年，《防雷机构编制和人员调整指导意见》《雷电防护装置检测资质管理办法》印发。2017年，基本建成雷电防护装置检测资质管理信息系统。

这一时期，深入推进气象法治建设。气象部门坚持立法进程与改革决策相衔接，围绕深入推进简政放权，充分发挥立法引导和规范的作用。不断完善行政执法监督体系，加强事中事后监管，进一步推进依法行政。加大气象法治宣传力度，不断强化标准化宏观管理和制修订工作。

这一时期，气象管理体制机制改革走向深化。中国气象局将气象管理体制改革任务分解为气象事权与支出责任划分、预算管理体制改革、事业单位分类改革、国家气象系统机构优化调整、省级和省级以下事业单位岗位设置、防雷管理体制改革、气象行政审批制度改革和气象行政执法体制改革等8方面，就有关内容分别制订专项改革方案，有序推进。

云海问天篇

气象观测站
志愿观测船
地面

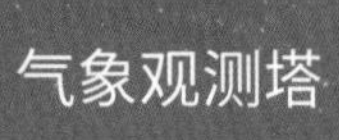
气象观测塔

自动气象站

漂流浮标

第六章 探大气运动

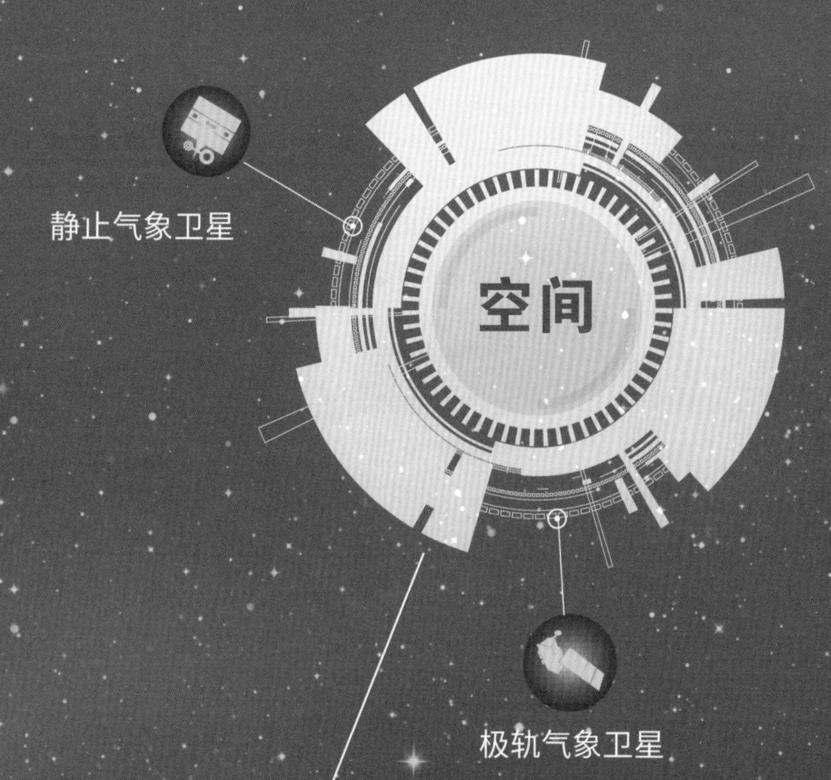

无线电探空仪

气象研究飞机

第一节　初具规模的气象观测系统

600多倍的增长

散布中国的基层气象台站，悄然记录了漠河的寒冷、三沙的日晒、唐古拉山麓的寒风……这些基层台站共同组成了地基、空基、天基相结合的全国气象台站网。70年来，气象台站网是气象业务的基石，也是中国气象事业发展的生命线。目前，我国已建成了世界上规模最大、覆盖最全的综合气象观测系统。

【小百科：基层气象台站】

基层气象台站是指气象部门设立在基层的气候观象台、大气本底站、基准气候站、基本气象站、一般气象站（国家气象观测站）、高空气象观测站、天气雷达站和农业气象观测站等各类专业气象站。

新中国成立前夕，全国只有101个气象台站，仪器设备比较简陋且几乎全部依赖进口。气象专业技术人才也奇缺，全国仅有600多人，靠笔、纸、算盘、电话等“老四样”，开启“探晴雨、测风云”之路。

新中国成立后，为适应国防、军事对气象保障工作的迫切需求，并为全面开展经济建设气象服务做准备、打基础，国家大力整编已有台站，并筹划建设新台站。到1953年，除拉萨外，全国各省会城市都建立了气象台。第一个五年计划期间，全国建成气象台站1653个，构建了全国地面气象观测网和气象预报服务网，从零起步建成了高空观测网。

新中国建站速度之快，受到世界瞩目。1956年6月1日，中国气象情报取消加密实行公开广播后，日本中央气象台职员工会大河顺一给涂长望来信称："在解放不到8年的时间内，在贵国广大的土地而且一直到边疆的每个角落，完成了像这样充实的气象观测网，是史无前例的伟业。"1958年，基层台站的观测仪器基本实现"中国造"。1960年时，全国气象台站已经达到了3240个，奠定了今天气象观测站网的基础。

到2018年底，我国已建成7个国家大气本底站、214个国家基准气候站、633个国家基本气象站、9869个国家气象观测站、53711个（常规）气象观测站、1129个国家应用气象观测站（生态、农业、交通）、120个国家高空气象观测站、216个国家天气雷达站、45个国家风廓线雷达站、5个国家空间天气观测站、78个试验基地。2019年新增24个国家气候观象台和5个国家综合气象观测试验基地。

目前，全国共有接近6.5万个气象站。与1949年新中国成立时仅有101个台站对比，增长了600多倍。这是新中国气象事业发展70多年取得成就的一个缩影。

【小百科：1毫米降水量】

我们常常看到天气预报里说"1毫米降水量"。那么1毫米降水量到底有多少呢？它相当于在1平方米的地上，倒了1升水。

海拔最高的探空气象站

4533米，全球海拔最高的有人值守的探空气象站——青海沱沱河气象站，坐落在世界第三极青藏高原的腹地。其前身为开心岭气象站，于1956年5月1日开始进行11时经纬仪小球单测风，1958年5月迁至现址。这里仅有冬夏两季，年平均气温−4.2 ℃，最高气温24.7 ℃，最低气温−45.2 ℃，一批批气象人就是在这种艰苦环境中，坚持观测无人区的风云变幻。

沱沱河气象站长期以来担负着观测基础气象资料，为民航、军队、青藏铁路、政府部门提供气象服务的重任。由于其特殊的地理位置，它获取的气象资料对研究整个青藏高原的气候环境，以及全国乃至全球的气候变化，都有非常高的科学价值。这里是观测青海主要影响天气系统如高原涡、高原切变线等的前哨站，是填补可可西里广阔无人区观测空白的站点，是 G109 国道和青藏铁路沿线重要的气象站，对做好天气预报和各项气象服务具有非常重要的支撑作用。

长期以来，一代代气象人坚守高原，克服高海拔、缺氧、生活不便等困难，保证了气象探测资料准确无误，为我国气象事业做出了贡献。建站之初不通电，且物资紧缺，只能在探空雷达工作时段发电，入夜后地面观测值班、宿舍照明只能点煤油灯。取暖只能靠汽油桶改装的简易炉子，土房子密封不好，冬天冷风从墙缝钻入，冻得人直打哆嗦，夜里盖好几床被子都不觉得暖和。最可怕的是感冒，当地缺医少药，交通不便，高原反应夺走人生命的事情也发生过。

直到2001年，沱沱河气象站办公和住宿条件才有明显改善。探空数据接收由手工电码筒改为微机输入，数据实现自动处理。宿舍改建成彩钢保温板房，采暖变成土暖气。

近10余年来，沱沱河气象站的业务能力实现了质的飞跃。L波段探空雷达系统和自动站投入业务运行，兰西拉光缆开通，数据质量和传输时效明显提高。电解水取代了化学制氢，让探空业务更加安全环保省力。2014年，随着气象观测业务一体化运行，劳动量大大减轻。

生活、工作条件也极大改善了。在新一轮台站综合改造工程中，完成了值班室、职工宿舍基础设施建设及庭院整治、道路硬化等。取暖采用了电热膜技术，值班室宽敞、明亮、舒适，配备了电脑，开通了宽带，职工可以通过电视、互联网了解外面的世界。青藏铁路的开通，使得职工们往返更加方便、安全。

【小百科：高空气象观测】

高空气象观测，指通过探空仪和测风气球，探测高空温度、气压、湿度、风向、风速等气象要素。全球共有大约1200个高空气象站，我国有120个，独占10%。每天，北京时间07时15分和19时15分，全球的高空气象观测站同时施放探空气球。

一次“放气球”的高空探测过程大概分为4个阶段：第一阶段是检查气球是否完好，并给气球充氢气、捆绑探空仪器；第二阶段是放球；第三阶段是收集探空仪器传回的数据；第四阶段，气球上升到一定高度后破裂，探测过程结束。

20世纪80年代，浙江大陈岛上施放探空气球工作现场

通常一个气球重量约为1千克，85%的气球能飞到3万米左右高度，上升速度为每分钟300～400米，整个上升过程大概持续70～100分钟。

我国自行设计生产的第一代探空系统由59型探空仪、701二次测风雷达系统组成，通常称为59-701探空系统。

随着气象探测技术的不断发展，1976年8月1日启用了701雷达，进行07时、19时综合测风；1989年9月1日启用了701 B型雷达，进行综合测风；2006年1月1日L波段雷达正式投入业务运行并沿用至今，实现07时、19时高空气压、温度、湿度以及风向、风速探测，探测获取的高空气象资料参与全球交换，对我国乃至世界天气预报具有不可替代的作用。

第二节 气象卫星俯瞰地球五十年

1969年1月，一场罕见的雨雪冰冻天气席卷了半个中国，通信受阻，黄河以南的铁路交通完全中断。1月29日，周恩来总理点名听取有关通信、气象工作汇报。

1969年的中国，绝大多数中国人还不知道什么是气象卫星。而在大洋彼岸的美国，人类第一颗气象卫星早在9年前就已成功发射，极大提升了美国的气象预报水平。

1970年2月16日，周恩来签发中共中央、国务院、中央军委给上海市的专信，正式下达气象卫星研制任务。5月4日，在中国气象科学研究所“311”室，召开了一场重要会议。气象卫星设计总体规划组在这里正式成立，并以“311”组命名。

最初，311组只有13人，办公桌椅还是从当时的气象局小学搬来的。随后的几年中，机构和人员配置逐渐增加。1971年7月，311组更名为“701”办公室。1978年4月，经国务院批准，中央气象局卫星气象中心正式成立，为厅局级事业单位。

卫星气象中心承担了地面应用系统的建设任务。地面应用系统是卫星工程的五大系统之一，为充分发挥卫星应用效益提供坚实保障。为了充分发挥卫星的效应，地面应用系统的发展要略超前于卫星的发展。

20世纪70年代到80年代，我们的工作人员还不懂计算机。做研发时通常是我方提需求，IBM、日立、富士通等公司做配制，然后反复讨论。两三年后，我方的工作人员弄通了硬件问题，开始接触编程。1987年，成功开发出卫星轨道预报、卫星资料预处理、海面温度处理、大气探测资料处理、专业服务处理、风云一号卫星性能在轨测试和检验、数据存档和分发处理等14个应用软件，为半年后风云一号卫星发射做好了准备。

1988年9月4日晚，国家卫星气象中心北京地面站外像往常一样寂静，但接收科的所有成员都激动得心怦怦跳。这是因为，第二天凌晨，中国第一颗气象卫星就要发射了。那时没有视频，只有语音。西安卫星测控中心发出的指令声，通过国家卫星气象中心清晰地传到北京、乌鲁木齐、广州三个卫星地面站，氛围显得既紧张又充满期待。在太原卫星发射中心，风云一号A星发射进入倒计时，运载火箭燃料加注完毕。然而，在这关键时刻，发射控制中心的控制台突然失去了A星的所有遥测信号，指挥部不得不决定停止发射。现场救修立即铺开！人们爬上几十米高的塔架，站在20多平方米的高空平台，逐一排查卫星内部精密而复杂的零件，每一个动作都极其小心，因为稍有不慎就会造成灾难性事故。最终，试验团队找到了问题所在，并做了一次艰难的“手术”。

3天后，9月7日4时30分，中国第一颗气象卫星——风云一号A星成功升空。6时9分，风云一号气象卫星发回第一幅云图照片，是苏联、亚洲地区上空的卫星云图照片。7日上午，恰逢世界气象组织第二（亚洲）区协第九届会议，时任世界气象组织主席、国家气象局局长邹竞蒙在会议上举着这张云图，向与会的十几个国家代表宣布，中国有了自己研制的气象卫星！

邹竞蒙，时任世界气象组织主席

可是，美好的景象没有维持太久。第39天，风云一号A卫星失控了。1990年9月，风云一号B星成功发射入轨，工作半年后，在高空轨道上高速旋转、断续工作，没有达到设计寿命要求。风云一号卫星进入了痛苦的徘徊期。有人认为，干脆将国外成熟的气象卫星为我所用，欧美等同行也不相信中国会坚持下去。

不抛弃，不放弃，让卫星气象事业有了转机。

风云一号A、B两星故障的主要原因，是我国卫星上的计算机所使用的芯片抗辐照能力不够，但国产芯片无法在短期内达到技术标准。于是，邹竞蒙局长通过世界气象组织秘书处向美国政府写信，并到美国国务院游说，说明中国气象卫星的公益性，时任总统克林顿签署了准许向中国出口抗辐照芯片的文件。1999年，风云一号C星再次“出征”，实现了长寿命业务运行，一举达到国际先进水平。

与极轨气象卫星风云一号的曲折历史交错铺展的，是静止气象卫星风云二号同样艰难的“创业”之路。

1986年3月，国务院批准风云二号气象卫星研制任务，之后进行了长达数年的攻关。1994年4月2日上午，模拟发射前8小时准备测试，一切顺利。不料，10点50分左右，一声巨响从厂房大厅透过玻璃观测窗传来，一人多高的黑色浓烟伴随着血红的火光冲向天空，巨大的冲击波瞬间震碎了玻璃，供电中断。很多同志在事故中受伤、中毒。一位名叫陈德全的老工人牺牲了，原本，他执行完这次任务就退休了……后来，4个多月的调查显示，事故是由于现场人员对肼燃料的性能、危险性，以及对防静电、环境温湿度等认识不清造成的，教训惨痛而深刻。

1997年，风云二号A星顺利升空，成功获取第一张可见光云图、红外云图和水汽分布图。中国成为世界上第五个拥有静止轨道气象卫星的国家。在成功发射风云一号A星和风云二号A星后，1998年，国务院批准设立气象卫星专项资金，明确了气象卫星发展的投资渠道；1999年，国务院批准了《“九五”后两年至2010年我国气象卫星及其应用发展计划》，气象卫星从研发一颗星申请一次经费，到有长远规划，风云气象卫星迎来了大发展时代。

大发展并不意味着一帆风顺，依然有很多难关要攻克。

2000年发射的风云二号B星定点运行8个月后，转发器的上变频本振单机出现故障，卫星在轨数据无法下传到地面，我国自主研制气象卫星再度陷入了迷茫期，传来“造星不如租星，租星不如买星”的声音。为了使卫星数据收集平台信号传输功能在受到影响的情况下也能正常发挥，风云二号卫星地面应用系统副总设计师李希哲夜不能寐。68岁的他登上青藏高原，参加青海湖浮标平台运行试验，将低温下收报成功率由60％提高到100％。

对风云二号卫星地面应用系统团队来说，云图动画抖动厉害，是个不得不解决的严重问题，这令许多气象台站开始选用日本卫星云图。图像定位技术是地面应用系统核心中的核心，人们一直找不到解决问题的办法。3年间，许健民院士带着工作组没日没夜工作，反复试验验证。2001年，他们建立13个坐标系，用13个参数组成图像定位方程组，把自旋式静止气象卫星和地球之间关系真正深刻理解并准确表达出来，研发出风云二号C星卫星地面系统图像定位软件，终于在“自旋稳定”模式下解决了图像定位问题，让图像上每一个点都变得很准确。

2007年9月，一场决定新一代静止气象卫星风云四号平台是“三轴稳定”还是“自旋稳定”的协调会在江西庐山召开。美国人当时做三轴稳定静止气象卫星，前几颗卫星都失败了。而欧洲第二代静止气象卫星选择了“大自旋”平台，没有攻三轴稳定。但中国研究人员不想放弃“三轴稳定”，会议尊重了科研人员的意见。

2016年12月，在美国发射新一代静止气象卫星GOES-R后的一个月，中国新一代静止气象卫星风云四号A星在西昌卫星发射中心成功发射，搭载了全球首个静止轨道红外高光谱大气垂直探测仪。2021年6月3日，风云四号B星在西昌卫星发射中心成功发射，使我国第二代静止轨道气象卫星实现双星运行、东西布局的业务模式。

从当初使用别人的卫星，到如今，中国已经为全球一百多个国家和地区提供卫星资料和产品。历经50年，风云系列卫星实现了两代四型高低轨两个系列共18颗卫星的研制和发射，共有8颗在轨稳定运行。2017年成功发射的风云三号D星，与美国最新极轨气象卫星水平相当。2018年6月5日21时07分发射的风云二号H星，定位在东经79°，最大限度将视域覆盖“一带一路”沿线，为沿线地区和国家提供服务。

风云一号卫星应用系统总设计师范天锡说：“追赶别人50年，今天，我们终于跑到了前面。”

【小百科：气象卫星的名字】

气象卫星是一种人造地球卫星，可以对全球大气进行远距离、全方位的观测，从而给天气预报及监测提供依据。我国气象卫星以“风云”命名，奇数命名系列为极轨卫星，偶数命名系列为静止卫星。极轨气象卫星绕地球两极运行，轨道高度800～1000千米，可以对全球大气进行观测。静止气象卫星运行与地球自转同步，轨道高度约35800千米，它相对地球是静止的，因此可以对某一区域的大气进行持续监测。

第三节 “庐阳银珠”开启新一代天气雷达建设

如果说气象卫星是广袤太空中的“千里眼”，那么天气雷达就是神州大地上的“守望者”。

新中国成立之初，我国天气雷达领域几乎一片空白。20世纪50年代初，雷达技术还未应用到气象领域。从20世纪50年代末期开始，我国上海、福建等地陆续引进英国和日本雷达，用于沿海台风探测和科学研究。20世纪70年代和80年代初期，我国开始研制和组织生产711型、713型和714型雷达，并在业务中应用，发挥了一定作用。它们都是采用磁控管作为射频功率的常规雷达，只能探测到雷达回波强度，随着防灾减灾对气象服务的需求日益增加，其探测能力、性能指标和可靠性均无法满足需求。

20世纪70、80年代的美国正在研发NEXRAD新一代雷达建设，中国也于1994年制定了新一代天气雷达发展规划，借鉴美国经验，确定引进美国最新的WSR-88D技术，在中国合资生产新一代天气雷达，并鼓励国内厂商参与合作和按同样规格自主生产。1996年，在时任中国气象局局长邹竞蒙的主持下，中国气象局与洛克希德·马丁公司组建了合资企业——北京敏视达雷达有限公司。尽管当时已经有了规划，也解决了技术引进和转化问题，并开始组织生产，但由于缺乏资金，建设停滞不前，到1997年，仅有一部从美国原装进口的WSR-88D型雷达坐落于上海浦东，成为国内第一部业务运行的新一代雷达。1998年发生在长江和松花江、嫩江流域的特大洪水，改变了雷达布网建设的命运，面对现实发生的应对重大气象灾害的迫切需求，雷达建设资金被纳入国债项目，消除了建设新一代天气雷达网的最后屏障。1999年，我国生产的第一部新一代天气雷达在安徽合肥落成，这一过程也是历久弥新。

第一部新一代天气雷达设计图纸刚出来，安徽省委、省政府便出资购买。国内没有现成的经验可以借鉴，安徽省气象局与建筑方多次讨论，形成了主（备）方案，并邀请中国科技大学教授完善建设方案，解决技术瓶颈。1997年，新一代天气雷达——中美合资生产的第一部128米高SA型新一代天气雷达——“庐阳银珠”建设开工，1999年建成。“庐阳银珠”见证了合肥雷达建设“加速度”，成为淮河流域防灾减灾工作的重要支撑力量，也推动了我国从20世纪90年代中期开始的新一代天气雷达全面布网。

位于安徽省合肥市的我国第一部SA型新一代天气雷达“庐阳银珠”

随后，经过引进、消化、吸收和再创新，我国新一代天气雷达的性能、功能和技术都有了突破性进展，首部双偏振天气雷达在广东连州落户，自主研发的首部X波段相控阵天气雷达，在广东佛山落地。中国天气雷达从“引进来”到“走出去”，打入国际市场，出口印度、韩国和罗马尼亚等国家。

目前，我国的天气雷达已实现多普勒技术化，突破了此前雷达只能探测回波强度的局限，为天气预报尤其是短时临近预报以及局地强对流预报提供更及时准确的资料，特别是在台风、暴雨、冰雹、龙卷、天气尺度系统监测以及重大事故调查分析、重大活动气象服务保障中发挥了重要作用。例如，2017年8月23日，对台风“天鸽”从海平面至高空12千米的三维实时观测“CT扫描”，为预报员做出准确预报提供了最直观的信息。

截至2019年年底，我国共有216部新一代天气雷达投入业务运行，还将对103部已建新一代天气雷达进行双偏振技术改造，增补37部双偏振新一代天气雷达，建成基本覆盖全国的新一代天气雷达网络。从发展常规技术到多普勒技术，再到双偏振技术、相控阵技术，从引进国外技术到我国自主技术出口、参与国际资料交换和培育出一批有实力的民族工业，我国探空技术蓬勃发展。从0到216的蜕变，令我国已成为世界上拥有监测灾害天气的天气雷达数量最多的国家之一，为国家防灾减灾、应对气候变化、气象服务经济社会发展和生态文明建设等做出重要贡献。

未来，我国将构建一个雷达用户、生产厂家以及研究院所紧密合作的雷达综合试验基地，进一步提高雷达资料同化应用和数值预报模式的结合能力，提高雷达装备技术水平和应用能力。

【小百科：雷达图怎么看？】

天气雷达是了解降雨系统的强度、大概位置和移动方向的探测工具。

雷达回波图该怎么看呢？绿色回波包围内的区域一般都对应有降雨出现。雷达回波从绿色到暖红色，降雨强度逐渐增强。绿色区域一般对应弱降水，亮黄色区域一般对应中等强度降水，暖红色区域一般对应强降水。有句顺口溜是这样说的：“蓝云、绿雨、黄对流，红到发紫强对流。”强对流，是指强烈对流天气，常伴有雷雨大风、冰雹、龙卷、局部强降雨。当看到雷达图“红到发紫”时，就要注意防灾避险。

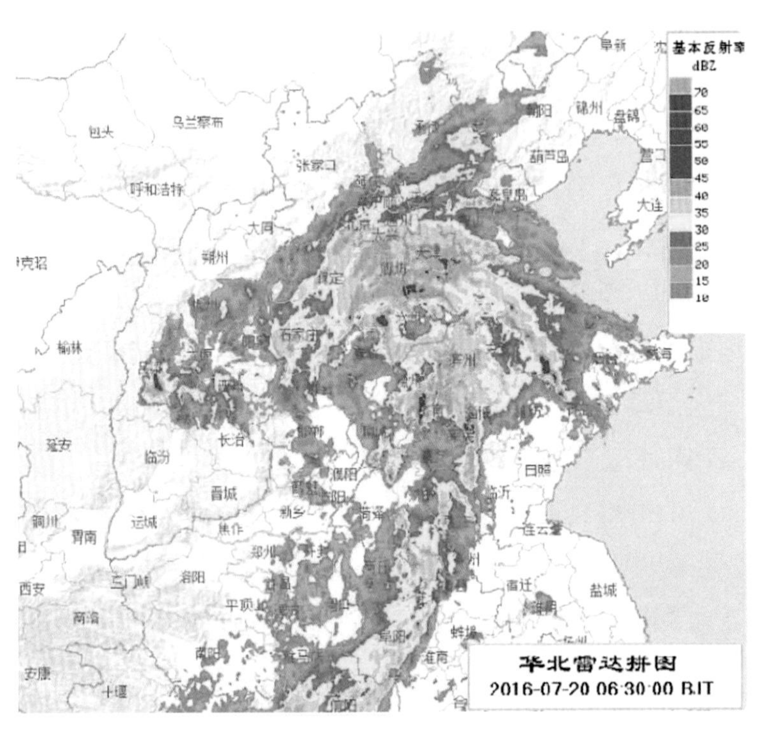

雷达回波图

第四节 从手指嘀嗒到自动化的飞跃

70年前，中国气象局通信台里有100多人坐在电报机前，在不绝于耳的嘀嗒声中收发气象电报；70年后，中国气象局通信台里只有六七个人管理着大型计算机系统，通过空中卫星与地面通信网络收发来自海陆空的多种气象资料。从手指嘀嗒到自动化，气象通信走过的历程，一代代气象通信人渐行渐老，气象通信事业的发展却日新月异。

气象通信的主要任务是收集和发送气象信息。气象通信系统首先把国内外的气象信息收集起来，经气象预报部门分析加工成天气预报后，再把预报信息发送到各地的气象台和千家万户。所以，天气预报想报得频繁、报得准确，气象通信系统就必须及时、高效；而气象通信系统若想做到及时、高效，就必须依靠先进的通信技术。

以通信技术为标志，我国气象通信的发展经历了6个阶段：莫尔斯电报阶段、电传通信阶段、图形传真阶段以及三代自动化通信阶段。

人工电报机是第一代中国气象通信工具。人工电报机由人来按动电键，使电键接点开闭，形成“点”“划”和“间隔”信号，经电路传输出去，收报端接到这种电信号后，便控制音响振荡器产生出“嘀”“嗒”声，“嘀”声为“点”，“嗒”声为“划”，供收报员收听抄报。

20世纪50年代中期，我国开始建设气象电传通信网。电传通信与莫尔斯通信是两种截然不同的通信方式，其主要区别是电传通信以有线电路为主，进行点对点通信传输。电传通信的优点是自动打印，传输速度较快，准确率较高，比莫尔斯通信的速度提高3倍左右。电传通信用机械把信号转换为字符，并直接打印在纸张上，使报务员从繁重的手抄劳动中摆脱出来。

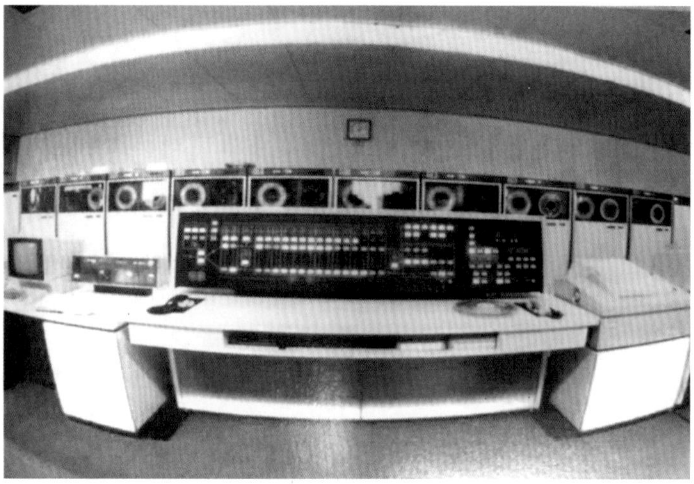

北京气象通信枢纽系统监控台

莫尔斯电报与电传通信传输的都是字符，但是天气预报的分析依据是天气图，因此，天气预报员收到字符后必须手工填图，然后再进行分析和预报，这给天气预报工作带来了诸多不便。为了能够直接传输图形，20世纪70年代，我国气象通信工作者开始开发气象传真广播技术。“传真通信”是一种真迹传送方式。它利用扫描技术，通过光电设备的作用，把固定的图像、文字等转换成串行的电信号，然后利用通信技术，把它们从一个地方按原样传送到另一个地方，并在那里复制出来。用先进的传真技术可以将绘制好的天气图及照片通过信号进行传送，使各地气象台能收到直观的天气图。

我国气象通信走向现代化始于20世纪70年代中期“北京气象通信枢纽工程”（BQS）的建设。1973年7月，周恩来总理亲自批准建设现代化的北京气象通信枢纽工程（BQS）。这是我国气象部门发展史上第一个大型现代化建设项目。1980年北京气象通信枢纽工程建成，气象通信开始进入高速自动通信的新时期。从此以后，通信和填图都交给计算机自动完成，气象通信手工作业时代成为历史。

1987年3月，北京气象中心开始扩建，1991年建成运行。在这次扩建工程中，第一代系统中的顶梁柱M-160Ⅱ计算机被更先进的计算机系统取代，我国第二代计算机气象通信系统建成。

让我国气象通信再上一层楼的是“气象卫星综合应用业务系统”（代号“9210”工程）的建设。这是我国气象现代化建设中规模最大、覆盖全国、前所未有的大型气象通

气象传真机房

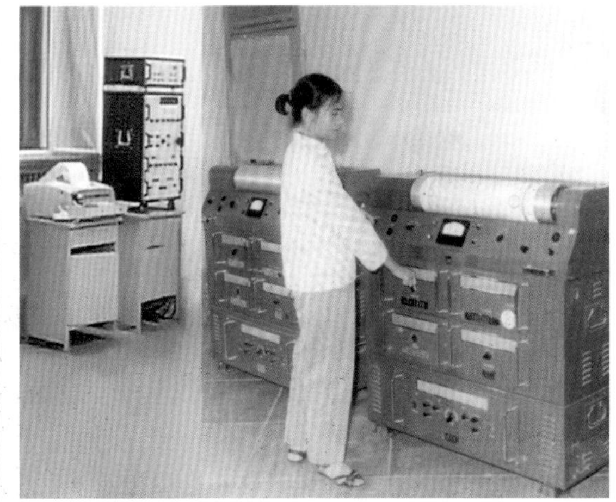

操作员正在用传真发片机发送传真图

信网络工程，总投资高达5亿元人民币，历时8年建成了卫星广域网、话音网、数据广播网、接收网、计算机局域网、CHINAPAC地面迂回备份网和气象信息综合分析处理系统，创建了一个五级气象信息网络系统：1个国家级主站、6个区域级站、25个省级站、300多个地市级站、2000多个县级站；空中与地面相结合，专网与公网相结合；以卫星通信为主，地面通信为辅；以专网为主，公网为辅；覆盖全国，集中控制，分级管理。由此形成了我国第三代气象通信系统。

进入21世纪以来，我国又先后建成了全国地面气象通信宽带网络系统、地市级以上气象部门新一代卫星气象数据广播系统（DVB-S）、全国天气预报电视会商与电话会议系统。我国气象通信进入了气象卫星、雷达网和光纤、通信卫星互相配合的时代。

幕后的换装是为了台前的精彩，气象通信自动化程度的提高带来了中国气象服务水平的一次次飞跃，让老百姓看到了越来越快、越来越准的天气预报。

三次飞跃的背后是几代气象通信人的默默付出。为了在薄弱得几乎为零的基础上打造现代化气象通信网络，他们艰苦奋斗；为了保证传输的时效性，他们分秒必争；为了始终站立在信息技术革命的潮头，他们锐意革新。

在莫尔斯电报时代，气象报务员往往也是气象填图员。他们在抄收电码的同时，还要将电码直接转换成天气符号填在天气图上。听、记、转、填，四种工作由一个人同时完成。气象报务员的劳动强度与技术要求均高于普通报务员，1958年，国际无线电收发

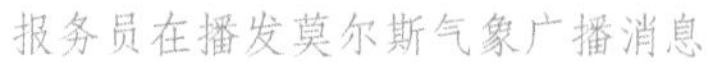
报务员在播发莫尔斯气象广播消息

报务员在广播报房打莫尔斯广播报条

报比赛中，魏诗娴、黄纯正、梁佐才一举夺得3项冠军。气象报务员们苦练基本功，把抄报误码率控制在几万分之一内，在枯燥的嘀嗒声中，默默地奉献着自己的青春。

1977年4月，为配合BQS系统建设，38人被选派赴日本学习先进通信技术。他们就是中国第一批现代气象通信技术骨干。那时的学习条件是艰苦的，他们一边自学日语一边自学计算机。

今天，气象通信人的学习与工作环境都发生了翻天覆地的变化，但是使命感却未曾有一丝减轻。面对公众对天气预报越来越高的要求，他们说："现在我们必须保持5年就上一个台阶的发展速度！"

气象通信负责的是气象事业中的信息高速公路，气象通信人就是气象事业中的筑路者。"要想富，先修路"，怀着这种质朴的信念，一代代气象通信员克服一个个技术难关，搭建起一个个居世界领先地位的信息通道。架彩虹，跨天堑，气象信息人用勤劳与智慧帮助气象事业跨越发展过程中遇到的通信"瓶颈"，支持气象事业实现了70年大飞跃。

第五节　气象系统第一个全国大工程

9210，气象卫星综合应用业务系统工程，是气象部门20世纪90年代现代化建设的骨干工程。从1992年批复启动，到1999年全系统投入业务化运行，8年时间，我国气象通信能力极大提高，解决了长期以来困扰气象现代化发展的通信瓶颈问题，全国气象部门实现资源共享，为天气预报准确率和水平的提高打下了坚实基础。

通过9210工程，我国气象事业缩小了与发达国家的差距，培养了一批掌握现代化知识的气象人，有力地促进气象部门科技产业的发展，从而更好地为国民经济发展提供优质的服务。毫不夸张地说，9210，是一个时代的记忆。

地上不行，那就天上

当莫尔斯电码问世，世界一下子变小了。“和它相比，火车头就像爬行的蜗牛一样慢。”随即就有人构想出“当风暴尚在墨西哥湾，信息就能传至密西西比”这样的应用情景。那是1846年9月，是公认的第一个将电报机用于气象学的建议。

在漫长的现代气象业务体系建立过程中，电磁波和电报一直是气象业务的基石。

回顾我国气象发展史，在模拟信号传输时代，从莫尔斯电码到电传机，再到“三报一话”，从带着耳机抄录数据，到能看完整的天气图，人们逐渐发现，信息能力的提升对业务发展具有极强的支撑能力。

20世纪80年代，气象部门“勒紧裤腰带也要搞现代化”，卫星云图、雷达资料、中期预报产品、数值预报都得到了前所未有的发展。此时的通信网络也发生了变化，数字信号迅速发展，短短几年，传输速度从300bps增至2400bps。到80年代末，我国启动公共分组交换网，传输速度达到64K。

即便如此，通信的跃增，追赶不上气象现代化的脚步，尤其是国家级的观测和预报产品，急需传递给各省和基层气象部门，带动全国气象事业发展。

中国气象局预报与网络司副司长周林回忆，当时每天至少有400M数据，这么大的数据，如果在64K的公共网络上跑，就像大卡车开到乡间小路，速度太慢，道路太窄。

到20世纪90年代初，我国开始尝试光通信，开启了“8横8纵”计划。“但是在世界范围内，光通信技术发展路径还不清晰，8横8纵能不能覆盖全国，气象业务发展能不能等得起。一系列疑问涌现出来。”周林说。

现实的瓶颈，把大家“逼得没办法”。最终提出的方案是，等不及国家通信建设，需要自己建；在全国铺设铜线或者光纤不可行，只能用无线手段，用卫星通信。

卫星通信范围大，只要在卫星发射的电波所覆盖的范围内，任何两点之间都可进行通信，并且不易受陆地灾害的影响。简单来说，全国2000多个台站，如果使用地面通信，需要传输2000多次，但使用卫星广播技术，仅传输一次，2000多个台站就能够同时收听。

在“战争”中学习“战争”

1991年，这一构想被命名为气象卫星综合应用业务系统。那年3月，它在第七届四次全国人民代表大会上明确列为《国民经济和社会发展十年规划和第八个五年计划纲要》中气象部门的发展任务之一。国家计划委员会1992年10月批准了该项工程的项目建议书。“9210”的工程编号由此而来。

事非经过不知难。那个年代，没有可以照搬的经验，没有现成的道路，国内也没有一个民用行业成功过。卫星通信技术不算成熟，工程专家组起初担心不稳定，先做科学试验，通过试验系统建设，确定了稳定性，明确了流程，再确定总方案。试验系统选在湖北武汉和山西，分别代表区域中心和省级气象部门，顺便摸索出如何通过工程带动气象业务的现代化。

很多细节都是前所未有的挑战。比如到底使用C波段还是Ku波段，专家组掀起了一轮又一轮的讨论：地面无线通信使用微波，和卫星C波段重叠会对卫星接收站造成干扰，但C波段技术相对成熟；Ku波段能够解决干扰问题，接收站尺寸还能小一点，但遇到恶劣天气，会出现雨衰现象。为此，专家组做了大量试验，测试何时会出现信号中断以及如何应对。

国家气象信息中心退休职工陈宏尧当时任华信公司副总经理，研究雷达的他有一些畏难情绪。9210的专家组涉及卫星、通信、数值预报等各种领域，没人心里有底，大家都战战兢兢，谁都担心交不了差。“只能边做边学，在‘战争’中学习‘战争’，一点点啃文献，向外国专家请教。”陈宏尧说。

到了1995年，技术路线基本确定——由一个设在中国气象局院内的主站、30个区域及省级站、近300个地市级站和相当数量的数据接收站组成。卫星通信部分采用的是VSAT技术，使用亚卫–2号通信卫星Ku波段1/4个转发器。

1995年底，亚卫–2号通信卫星正式发射。哪知其南北的覆盖范围进行了压缩，而方案是根据发射之前的技术参数所确定的，黑龙江漠河、新疆喀什等地信号变得很弱。专家组又去实测，重新确认天线尺寸。

正是这样，克服了一个又一个难题，9210开启了一个为期8年轰轰烈烈的工程建设时代。如今回忆起来，“当年怎么敢接任务？！”陈宏尧感慨地说。

一个大胆尝试

9210工程前期获得投资4.3亿元人民币，其中中央投资2.3亿元，地方集资2亿元，后来中央又追加0.6亿元。但对于全国性的大工程来说，每一分钱都要花在刀刃上。

中国气象局党组有了一个大胆的决定——工程实施引进市场机制。

这是气象部门第一次采取大型工程市场化尝试，专门成立国有企业华信公司作为总承包，同时要求各省（自治区、直辖市）气象局也成立相应的公司参加本工程的建设。

时任国家气象中心副主任姚奇文至今仍然记得，1995年9月，时任中国气象局副局长李黄找他谈话，让他任华信公司总经理。当时姚奇文脑袋嗡一声就大了，“如果是征求意见，我不愿意，但若是组织决定，我硬着头皮上。”

让姚奇文犯难主要有两点：一是从1992年开始的工程，时过三年，仍然在试验阶段，没有看得见的成果，甚至有一些地方气象部门对工程失去希望；二是公司机制，对过去传统的管理模式是一个挑战，由此产生各种管理关系需要重新建立和协调。

上任以来，为了推进工程建设，见到效果，姚奇文开始抓卫星广播，利用卫星气象数据广播网的建立，形成以北京主站为中心覆盖全国县级以上气象台站的星形结构卫星单向广播通信系统，主站每天通过卫星广播方式向各小站发送大量的实时气象信息。

上级要求11月就要见效果。到10月20日，卫星广播正式启动。“‘粮食’有了，各级气象部门感受到9210有希望。”姚奇文克服了第一个难关。后来，这个广播系统经逐年更新换代，最终演变成中国气象局卫星广播系统（CMACast）。

第二个难关也颇令人头疼。当时进行软件开发布点试验的业务人员，没有白天黑夜地干，但一个月只有10元劳务费。姚奇文摸着石头过河，处理各方关系。他还记得在南昌召开的单收站布点会议，两天的小组讨论会上，一天半的时间都在讨论一个站要多少钱。

9210工程就是在边建设边探索的情况下完成的，公司机制的优势和劣势都淋漓尽致地显现出来。2000年，在9210工程竣工验收大会上，李黄说，9210工程在气象现代化建设的总体协调管理上实现了突破，对气象部门进行大规模现代化重点工程建设，在组织实施、资金筹措、机制转换等方面都积累了宝贵经验。

全国有了一盘棋

当通信系统搭起来后，各级气象部门怎样用，怎样带动业务发展，问题随之而来：哪些产品传，哪些不传；传输量上去了，海量数据如何可视化；原来各个省级气象局之间格式不同的产品，如何在一个平台上显示；数据用什么方式建档存储；业务监控怎么做。

其实，在头三年的系统试验中，这些问题的技术路线就已基本明晰——地市以上各级气象部门要建立分布式数据库和天气预报人机交互处理系统。

到了工程建设中后期，全国气象部门动用了极大人力，搞软件开发，逐步建设了网络管理和业务监控子系统、数据收集与分发子系统、数据库子系统，这也是气象部门第一次尝试利用数据库而非之前的文档库进行数据管理。同时，还建立了人机交互处理子系统，即“气象信息综合分析处理系统（MICAPS）”。它能够集成9210工程通信系统获取的所有与业务预报有关的数据，用字符或图形图像显示数据，帮助业务预报员制作预报并自动生成最终预报产品。

为了保证工程建设完尽早投入业务化，培训伴随着工程建设所展开。数据记录了人才队伍的建设：国外培训41人次；国内培训7809人次，其中国家级组织培训2523人次，省级组织培训5286人次。周林当时负责培训，他记得，来旁听的还有电信部门的人。

自此，全国气象部门实现了资料应用系统的整体布局，从数据分发、管理，到气象预报业务，一条现代化的气象业务生产线正式建立，全国有了完整的业务体系。

最明显的例子就是，1998年我国长江和松花江、嫩江发生的大洪水，当时9210工程还未投入业务试运行，但广播软件已开始工作，MICAPS系统已布局，湖北、江西、江苏、黑龙江等充分利用9210工程加强会商，在决定荆江是否分洪等关键时刻做出了准确预报。地市气象部门现代化水平实现飞跃，宜昌市气象局成功预报了导致长江第三次洪峰的致洪暴雨过程，无锡、苏州市气象局准确预报了太湖地区大洪水，为保护太湖大堤的安全提供了科学的决策依据。

回望来时路

放眼我国通信技术，地面通信以前所未有的速度向前发展，20世纪90年代后期，信息化开始向大众普及，5G的到来甚至开始改变社会形态。卫星通信反而变得能力有限。我国气象部门从2004年开始启用地面光通信。

9210是时代的烙印。是在未来通信技术体系不明晰的时候，朝着唯一可行的方向，艰难迈出的一步。

9210的技术框架一直沿用至今，随着技术的提升，现在的单向广播CMACast比当时提升了35倍；MICAPS升级至第四代版本，支撑气象业务体系。

9210至今仍是气象重大工程的典范，工程验收档案做了60多卷，所有软件的源代码都进行了归档封存，这是前所未有的。

周林认为，尽管现在看，9210技术过时了，但工程项目的思路仍然值得学习。

比如如何通过工程建设，搭建平台，培养人才，发展数值预报等核心业务；比如如何更好地平衡市场和行政命令，完成重大工程建设；比如大型业务软件在上业务之前，要经历怎样的功能测试和业务稳定性测试。

回望来时路，9210工程经得起时光检验，也无愧于时任中国气象局局长温克刚评价的三个第一：气象系统第一个全国大型工程，第一次由中央和地方匹配资金，第一次引进了公司机制。

全尺度无缝隙气象监测预报系统

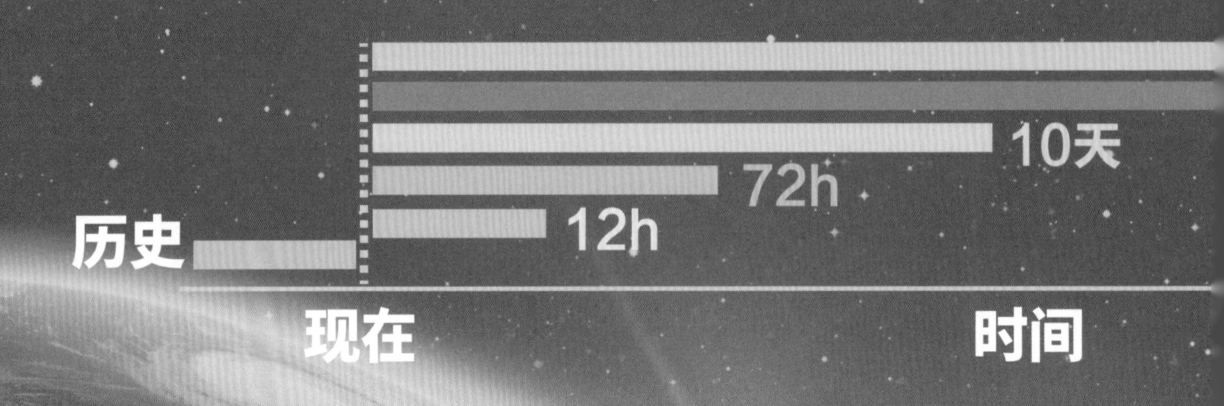

格点实况

★ 分钟级
★ 1km/任意点
★ 10分钟更新一次

短临预报

★ 0～12小时
★ 1km/任意点
★ 10分钟更新一次

短期预报

★ 0～72小时
★ 2.5km
★ 每日更新2～4
(15分钟/1小时间

第七章 报天气变化

90天

45天

长期/气候预测

★ 月/季/年气候预测

★ 10～30km

★ 逐日一旬更新

（6小时间隔）

延伸期预报

★ 11～30天

★ 5km

★ 逐日更新

中期预报

★ 4～10天

★ 3～10km

★ 逐日更新

（1小时间隔）

★ 代表预报时效

★ 代表空间分辨率

★ 代表时间分辨率

第一节　从手绘天气图到智能数值预报

从以手工绘制天气图为主，到以数值预报为主、多种方法综合运用的人机交互一键式发布预报预警；从传统的定性分析方法，到自动化、客观化、定量化的预报分析方法……新中国成立70多年来，我国天气预报预测技术不断跨越升级，预报预测产品持续推陈出新。

每一位预报员对天气图都有种别样的情怀。在很多中央气象台预报员的记忆里，参加工作的第一件事就是画天气图，刚开始绘的时候，线条很乱，粗细也不均匀，当年光是练习把线条画流畅就得花大半年时间。不同的线，粗细、颜色不一样，用的笔也不一样。想把线画得“顺”，得一气呵成。眼睛看着标好的数据，脑子里判断出线的位置，手里的笔也得跟上。画出清晰的天气图，靠的是一次次利落的手起笔落……预报员把温度、气压等要素相同数值的点连成线条，就能在天气图上看到等温线、等压线。通过不同时间、不同高度的天气图，天气预报员能形象地看到地面和高空各层的天气形势和天气系统，根据大气运动规律来预测未来的发展趋势。

从20世纪50年代开始，每天早上8点前，填图员在极短的时间内将每个电码译成天气符号和数字，把某一时刻、某一高度上观测到的气温、湿度、风向、风速、气压、云状、云量、云高等气象要素标注在一张印着中国地图的白底纸上。纸的质地要厚，上面绘着各城市、观测站的位置以及主要的河流、湖泊、山脉等地理标志。1平方厘米面积的每个站点上，需填写36～40个符号和数字。这些填好的图被送到天气预报会商室，大家轮班手绘，每天画6张以上。

20世纪50年代的手工填图

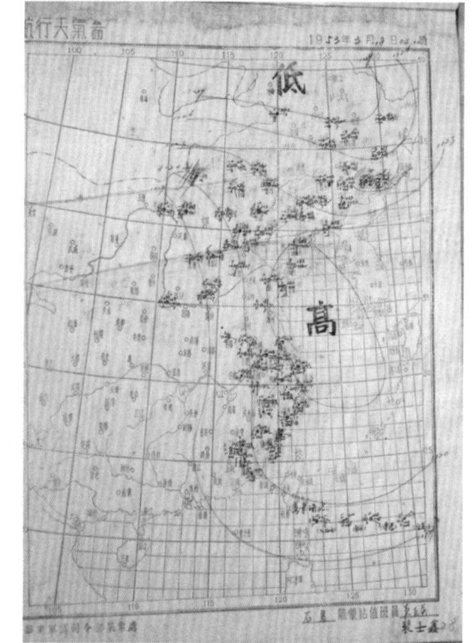

纸质天气图

绘好的天气图被摆放在会商室里，由值班预报员进行分析。这时候，会商室俨然成了图纸的海洋，最多时挂有十几张图。那时，天气图是做预报的主要依据，风云卫星还处于起步阶段，每隔六七个小时才能提供一次资料，欧洲中期天气预报中心的一些产品图、日本的传真图也会挂上，供预报员参考。

天气预报结论也是粗放的。在一块大型塑料板上，压着一张中国地图，预报员把预报结论用笔在地图上圈画出来，这些“圈”大多是大尺度区域性降水的落区——10毫米、25毫米、50毫米等。

尽管制作天气预报很慢，但是当年的积累，对现在订正数值预报结论很有用。在今天许多高校气象专业本科课程中，手绘天气图仍是必修课。画一画，能更深刻地理解天气系统的演变。

一代代预报员将服务民生的初心，寄托在一张张图里。有的预报员画了四五年，也有的画了十几年。随着气象现代化水平不断提升，纸上的天气图，终究还是“老去”了，天气图早已实现轻点鼠标就能自动生成，3D显示、多种类型数据叠加、自由缩放……

20世纪60—70年代，天气图是预报员预报天气的主要工具

1995年，新一代天气预报人机交互处理系统，即气象信息综合分析处理系统（MICAPS）启动开发。1996年6月，MICAPS系统初级版本在中央气象台投入业务试运行，天气预报的自动化水平得以提升。

从那时候开始，手绘天气图逐渐被机器所取代。最早，比较简单的高空图开始实现自动绘制。后来，更加复杂的地面图也实现了自动绘制。起初，机器绘制的天气图还需要人工修改订正，经过不断完善，现在已基本能满足天气分析预报的需求了。

到了2011年，天气图实现了在电脑上自动生成。天气图的绘制也进一步智能化，比如线条密度能够通过鼠标缩放控制，观测站点密度较以前大大提高，且放大后可清晰地识别站点详细信息。此外，天气图也从平面的变成立体的，通过叠加不同图层可以将最新的风云四号卫星云图、新一代多普勒雷达观测图、降水实况图整合到一起。

天气图也早已不再是预报员得出预报结论的唯一依据。过去，实况数据在手绘天气图上呈现，预报员“看图说话”，进行线性外推。现在，实况数据会被数值预报模式“吃进去”，通过复杂的运算，由机器给出结论。

20世纪80—90年代，天气图、数值预报、机器平台成为预报工具

但是天气图永远不会被淘汰。技术手段在变，数据呈现方式在变，现在天气图的形式、种类很丰富，更需要预报员借助这个工具去理解大气状态，挑选最需要的信息。

随着人工智能、机器学习、数值模式不断发展，“机器大脑”给出的预报结论将会越来越准确，预报员主观经验的参考价值将会越来越低。预报员的工作可能会转变成把机器给出的复杂信息，转化成更贴近公众生活的多样化服务产品。

预报员对天气图的依赖程度在降低，可护佑民生的责任丝毫没有松懈。30年前资料有限，预报员每天要抢在预报之前，给天气系统可能波及的地区挨个打电话，讨论天气形势，确定影响程度。如今，我国已建成了精细化、无缝隙的现代气象预报预测系统，能够发布从分钟、小时到月、季、年的预报预测产品，做出“北京市海淀区下雨，东城区不下雨”这样的精细化预报，这是以前的人们想都不敢想的。

第二节　为数值预报刻上中国印记

优化利用探空、卫星等探测数据和大气运动物理与数学理论，在高性能计算机上求解大气运动变化规律所遵循的数学物理方程，推演未来天气的发展变化，这便是天气预报的核心技术——数值预报。

作为气象业务的核心与基础，数值预报的发展之路布满了荆棘和坎坷。但一代代气象工作者一步一个脚印，稳步前行，实现了数值预报的跨越式发展。

1954年，我国开始数值天气预报的研究。1959年，我国研制了第一个用于短期天气预报的数值模式，即正压过滤涡度方程模式，算出了亚欧范围的正压500百帕（hPa）形势，制作出了北半球数值预报图。1965年3月，由于预报效果有一定的参考价值，中央气象局正式向全国发布48小时500 hPa形势预报。

1978年，国家计划委员会气象组决定，把发展数值天气预报作为气象事业现代化建设的重要步骤。改革开放后，随着科技进步，通过引进，计算机成为资料分析和预报制作的平台，我国开始发展数值预报，并逐步建立起比较完整的数值预报业务体系，包括全球中期数值预报、区域降水预报、热带气旋预报、环境气象预报模式系统等。这些业务系统在日常的气象业务与服务中发挥了不可替代的作用。

依靠引进建立起来的数值预报业务系统，与我国不断增长的经济与科技实力、高性能计算机研制能力等，存在不相适应的问题。中国气象局数值预报中心、国家重点领域创新团队数值预报团队认为，中国必须要有自己的数值预报，这需要坚持既定技术路线不动摇，在实践中磨砺前行。研发团队在深入理解和借鉴国外先进经验的基础上，找到了适合我国国情的数值预报自主研发方案，并不断积累相关基础理论知识与研发经验，培养研究能力，坚守路线不动摇，完成了一系列数值预报重大核心攻关任务。

自主创新之路虽然漫长，但经过近20年的磨砺，数值预报这柄“利器”终于被刻上了中国的印记——

2001年，中国气象局开始自主研发新一代全球/区域同化预报系统GRAPES，并在区域模式上取得成功。

2006年，GRAPES区域数值预报业务系统（GRAPES-Meso）正式投入业务运行。

2007年7月，GRAPES的研发全面进入全球模式系统发展阶段。

2014年，高分辨率资料同化与数值天气模式被确定为国家气象科技创新工程三大攻关任务之一，自主创新的脚步不断加快。

2016年6月1日，印刻着“中国智造”的GRAPES全球预报系统（GRAPES_GFS V2.0）正式投入业务运行，并面向全国下发产品，标志着GRAPES全球预报系统实现从科研阶段向业务运行阶段的转变。同时，这也是我国自主研发的全球数值预报模式结合业务实践反馈进一步优化创新的新开端。

在GRAPES全球预报系统（GRAPES_GFS V2.0）业务化使用一年后，2017年5月，中国气象局被正式认定为世界气象中心（WMC）。该系统提供全球范围内的气象预报服务，通过利用GRAPES全球预报系统提供的数据产品，“一带一路”沿线国家能够监测分析各种灾害性天气事件，包括强降雨、暴雪、强风、干旱、高温热浪、极端低温等。

2018年7月，GRAPES全球四维变分同化系统实现业务化。作为新建立该业务系统的国家，我国进入资料同化技术主流行列，并迈上了更高阶的资料同化开发平台。11月28日，GRAPES全球集合预报系统完成业务化评审，一套完整的GRAPES数值预报体系在我国建立。

目前我国数值预报的水平仍与世界第一梯队存在差距，不可能“一口吃成胖子”，只有不断积累，持续追赶，才能加快创新步伐，赶超国际一流。

按照清晰的路线图稳步前进，数值预报业务将朝着全球千米尺度分辨率、海陆气冰耦合数值模式系统、百米分辨率局地数值预报和多尺度集合预报方向发展。

中国气象局中央气象台业务平台

世界气象组织将数值天气预报称为20世纪最伟大的科技发展之一，《自然》杂志则盛赞数值天气预报的发展是一场静悄悄的革命。在数值天气预报的支持下，经过社会各界共同努力，我国已实现了多个登陆台风的人员零死亡报告，极大保护了公众的生命财产安全。

【小故事：中期数值预报系统“小马拉大车”】

从20世纪50年代我国尝试数值预报，到A模式B模式试水，再到国产模式GRAPES亮剑，几代人前赴后继地为之奉献。20世纪80年代我国数值预报进入了引进和自主研发相结合的阶段。此时的中期数值天气预报业务系统建设，必将载入史册。

邹竞蒙、章基嘉、骆继宾、温克刚、马鹤年等亲自组织和直接指导该系统建设。起初，在多名专家的参与论证下，形成了一个庞大的设计方案：装备高性能的大型或巨型计算机，开发适合我国中期数值预报业务的计算机网络系统；引进世界上先进气象业务部门开发的部分技术路线，在消化吸收的基础上，结合我国实际情况加以改进，最后建成一个完备的、自动化的、具有较高水平的中期数值天气预报业务系统。

中期数值预报业务本应在巨型机上才能完成，但研发人员根本没法等到“银河－Ⅱ”巨型机研制成功再开展这项工作。有条件要上，没有条件创造条件也要上。科技攻关队伍在涉及科学领域广泛、某些环节难度较大、缺乏计算机支持的情况下，将

"M-360"中型计算机扩体升级，高效率利用磁盘资源，满足了中期数值天气预报和有限区降水分析预报两个业务系统的准业务运行的需要，成功地完成了科研攻关任务。

这就是当时著名的"小马拉大车"的故事。这项攻关成果为我国制作中期数值天气预报争取了一年的时间。

1990年1月1日，我国第一个具有中等分辨率的中期数值天气预报业务系统T42L9，正式投入准业务运行，6月业务使用。它的建成，使我国步入了当时世界上少数几个能开展中期数值预报的国家行列。

1991年9月，在国家"七五"科技攻关总结表彰大会上，江泽民同志亲自授予项目建设主要负责人李泽椿"重大科技成果奖"奖励证书。

1995年、1997年全球中期数值模式天气预报业务系统分别升级为T639L16、T106L19，2002年升级为T213L31，2007年又升级为T639L60。正是因为这些扎实的发展过程，2000年以后，自主研发的道路逐渐清晰。

【小百科：数值预报方程】

数值天气预报是天气预报现代化的主要标志。数值天气预报就是以当前大气状态的初始值，对反映大气状态和运动的方程组利用数值求解的方法，计算出未来某些时刻的大气状态。这个方法需要有两个必要条件：一是要有足够准确的大气初始状态，二是要有足够准确表达大气状态和运动的数值模式。所以数值预报发展的技术核心就是不断追求更为准确的大气初始状态和不断改善数值模式。

运动方程 $$\frac{\mathrm{d}\boldsymbol{V}}{\mathrm{d}t} = -\frac{1}{\rho}\nabla p - 2\boldsymbol{\Omega}\times\boldsymbol{V} + \boldsymbol{g} + \boldsymbol{F}$$

连续方程 $$\frac{\mathrm{d}\rho}{\mathrm{d}t} + \rho\nabla\cdot\boldsymbol{V} = 0$$

状态方程 $$p = \rho R_d T$$

热力学方程 $$c_p\frac{\mathrm{d}T}{\mathrm{d}t} - \frac{1}{\rho}\frac{\mathrm{d}p}{\mathrm{d}t} = \dot{Q}$$

水汽方程 $$\frac{\partial q}{\partial t} + \boldsymbol{V}\cdot\nabla q = \frac{s}{\rho}$$

数值预报方程

第三节　我国自主研发的气象信息处理系统MICAPS

工欲善其事，必先利其器。MICAPS就是预报员的“神器”。

“MICAPS”即气象信息综合分析处理系统（Meteorological Information Comprehensive Analysis and Processing System），由中国气象局组织开发，具有国际领先水平和自主知识产权，已成为全国预报员每天使用的唯一预报工作平台，在日常天气预报、决策气象服务、重大活动气象保障、灾害性天气预报、气象应急响应等方面起到关键支撑作用，使天气预报制作效率提高了100倍以上。

创新引领 主要指标超过同类国际先进系统

早期，预报员是通过手工检索历史数据、填制预报图来形成预报结论的。如何提高预报分析效率，是当时业务发展的难题。1985年，在时任国家气象局局长邹竞蒙的关怀与指导下，中央气象台派3人以访问学者的身份赴美国引进人机对话系统（MCIDAS）应用软件全部源程序。1989年，“人机对话系统（MCIDAS）的引进、移植、开发与应用”项目获国家气象局科技进步三等奖和国家气象中心科技进步二等奖。

事实上，MCIDAS系统在中央气象台真正运行的时间并不长。1990年前后，国家气象中心引进新的大型计算机，M-160、M-170机相继停机，以M-170为主机的MCIDAS系统退出历史舞台。虽然服务时间仅两年多，但MCIDAS系统打开了中国气象人的眼界。

1995年，中国气象局启动了气象信息综合分析处理系统（MICAPS）第一版开发，作为“气象卫星综合应用业务系统”（9210工程）的一部分，开发现代化天气预报业务软件系统，定义地面、高空、卫星及雷达等观测、综合应用多种信息和先进技术的现代天气数据和数值天气预报产品的格式，实现上述数据的分析显示、数据交互分析、预报制作等功能，实现了天气预报从手工分析、预报，向人机交互系统为平台天气预报方式的转变。MICAPS1.0包括Windows和SGI IRIX操作系统的两个版本，1997年完成开发及业务试用，1999年全面应用于各级气象台站天气预报业务。

2002年，MICAPS2.0开发顺利完成，2004年起在全国各级气象台站推广应用。这一版只开发了Windows版本，改进了系统工具栏、数据检索方式，增强了数据分析显示功能，实现了等值线填色显示及一维图、邮票图、三维显示等功能，支持模块扩展和二次开发。

2005年，微机版MICAPS3.0开发启动，设计了开放式系统构架，采用C#语言、结合C/C++开发算法库，提高了运行效率，实现了功能模块的“即插即用”。2006年12月，MICAPS3.0正式发布，2007年开始在全国气象部门推广应用。2009年，MICAPS3.1发布，用OpenGL代替GDⅠ+绘图，大幅提高了系统效率，改变了模块加载方式，提高了启动效率。2011年底，MICAPS3.2发布并推广应用。MICAPS第三版同时开发了SGⅠ工作站版，实现了与微机版类似功能，并应用于中央气象台业务当中。

基于MICAPS3开放框架，开发了精细化站点预报、中尺度天气分析等专业模块和灾害性天气短时临近预报系统（Severe Weather Automatic Nowcasting，SWAN）、台风预报平台等专业化预报业务平台，支持天气预报全业务流程应用。

持续升级 实现多个“首次”

随着自动站、天气雷达、新一代气象卫星现代观测布局日趋稠密，数值预报、集合预报时空分辨率提升，气象数据体量激增，给信息处理带来新的挑战，需要进一步深挖气象大数据，帮助预报员在短时间内浏览更多数据。

正是在这种背景下，2016年6月5日，MICAPS4.0“闪亮登场”，并在全国气象部门实现业务化，与其配套的分布式数据存储系统也分批次推广。这一版聚焦预报员“稳定”“快速”的需求“痛点”，将先进信息技术与现代天气预报技术紧密结合，首次集成集合预报、格点预报等功能，提升数据访问应用能力；首次用分布式数据库彻底取代传统的文件系统，为预报业务提供实时数据应用支撑，这在国际气象数据处理领域属于前沿技术；采用大数据应用中的流式计算技术，实现数据秒级计算、毫秒级写入，将预报员需要的全部数据达到“产生即可见”的效果；采用最新的图形显示技术，为预报员提供更为流畅的动画和数据显示效果。

MICAPS4.0分服务器端、客户端两部分。服务器端包括数据获取、处理、数据存储、中间分析产品生成、数据管理和服务、预报产品管理和服务等基本功能；客户端是预报员直接操作的平台，包括数据分析和可视化、交互预报制作、天气监视等功能。

效益凸显 足迹遍及发展中国家

一路耕耘，一路收获。

2011年，“现代化人机交互气象信息处理和天气预报制作系统”荣获国家科技进步奖二等奖。现如今，MICAPS不但成为中央气象台、31个省级、328个地级及2418个县级气象站的核心业务系统，在气象预报和服务中发挥了重要作用，而且在总装备部、水利部、国家海洋局及许多高等院校、科研院所得到广泛应用，产生了巨大的社会效益。

神舟七号载人航天飞行取得成功后，北京航天飞行控制中心专门向国家气象中心预报系统开放实验室发来感谢信，称赞MICAPS 3.0软件系统为“实施气象水文保障提供了功能丰富、稳定可靠的预报员工作软件平台”。

MICAPS是世界上为数不多的几种技术先进、功能强大的天气预报制作系统之一，是世界气象组织注册的气象科技成果和指定向发展中国家推广的重点科技产品，目前已陆续在孟加拉国、缅甸、马尔代夫、巴基斯坦等17个亚洲国家以及津巴布韦、纳米比亚、肯尼亚等5个非洲国家推广使用。

为做好天气预报，中国气象人勇敢地走出去，大胆地引进来，不断增强自主创新能力，提升原创能力和关键核心技术突破能力，倾力书写着当代气象事业不断发展进步的故事。MICAPS是国家气象中心不断加强气象科技创新工作的成功实践，是科研成果向业务应用转化的典型案例，更是不断提高天气预报准确率的有力技术支撑。

第四节 从引进到国产——气“派”超算挑起大梁

在气象领域，天气的数值预报离不开计算机。从20世纪50年代开始，数值模式预报方法取得了成功。60多年来，人们所需的气象预报时空精度越来越高，无论用于短期的数值天气预报还是用于长期的数值气候预测，均需要强大的计算和存储能力支撑。海量数据和数百万条代码，总能轻易占满计算设备的所有可用资源。

1978年，气象部门在全国首次引进运算能力为每秒百万次的计算机，开始了中国气象高性能计算机发展的历程。从早期的CDC、CRAY到“银河”“神威”“IBM”系列，再到曙光系统，在一次次升级中，计算性能、存储能力得到跨越式提升，数值预报服务也得以快速发展。中国气象超算登上世界舞台的同时，也见证了我国自主研发的超算从无到有，并逐步荣登世界榜首的“蜕变”。

气象部门：计算机应用较早、使用效益较好

天气、气候、地球环境数值模拟业务和科学研究，需要高性能计算机，气象部门成为全国第一个民用高性能计算机系统的部门。

从20世纪70年代起，气象部门开始使用电子计算机，开展气候资料加工处理业务工作。

党的十一届三中全会以后，高性能计算机的引进和网络环境的建设取得很大进展，在气象业务现代化建设中发挥出重要作用。

1984年6月，国家气象局成立气象软件开发应用管理小组，统一组织规划和审定气象应用软件的开发成果鉴定并推广使用。地面观测业务开始采用PC1500微型计算机进行编报处理，业务质量明显提高。

1985年12月20日至1986年1月23日，国家气象局在北京举行“全国气象系统微机开发应用展览会”，会后，国务院电子振兴办公室把全国气象部门列为全国11大计算机应用部门之一。在1986年召开的“全国计算机开发应用工作会议”上，国家气象局应邀作大会典型发言，介绍经验。此后，计算机广泛应用于气象观测、预报、服务、科研、管理等领域，成为各部门之最。

1973年，北京大学电子仪器厂研制成功我国第一台平均每秒可执行100万条指令的大型通用数字计算机150大型计算机（简称150机，又称DJS–11计算机）。中央气象局建设北京气象通信枢纽时，订购了150机用于天气预报计算和研究。从1975年投入使用到1987年设备报废，历时10余年。

引进技术：巨型机开启数值天气预报研究

1978年，中央气象局引进M–170计算机，结束了我国没有数值预报业务的历史，该系统主要承担气象数据处理和MOS数值预报模式运行。当时，西方国家对中国高技术出口严格控制，没有150机，巴黎统筹委员会不会同意M–170机进入中国。

1989—1991年，CYBER962、CYBER992计算机的运用，为T42L9中期数值天气预报业务提供了良好的计算机运行环境。1991年，国家气象中心正式开始制作5天的全球天气预报，中国成为当时世界上仅有的9个能制作中期数值天气预报的国家之一。

1993年10月14日，国家气象中心第二代中期数值天气预报模式（T63L16）在VAX–Cyber–YH2（银河–Ⅱ）计算机系统上运行，结束了我国气象部门没有国产巨型计算机的历史。直到1997年12月31日，银河–Ⅱ巨型机报废。

1994年，CRAY–C92计算机的运用，为新一代中期数值天气预报业务系统T106L19的建立和可靠运行奠定了基础。1997年，T106L19中期数值预报业务系统在CRAY–C92上运行，预报时效延长到10天。

CRAY打破西方国家的高技术封锁。巨型计算机一直是西方国家禁止向我国出口的战略高新技术，为引进更高性能巨型机，中国气象局作了大量工作，取得当时国务院总理李鹏、国家计委副主任刘江、国务院外办主任齐怀远、外交部副部长刘华秋等领导的大力支持。经过与美方的多次交涉和谈判，1993年11月15日，美国驻华大使芮效俭告知外交部副部刘华秋，美国总统（政府）同意向中国出口CRAY巨型机。之后，经过谈判，于1994年3月28日正式签订了CRAY巨型机购机合同，同年8月22日到货。CRAY巨型机的引进和应用，既打破了国外的封锁，也为我国数值预报业务的发展提供了良好的技术条件。

1999年引进IBM SP并行计算机系统，峰值性能为64亿次浮点运算/秒，磁盘总容量为327.6 GB。该系统的建立，改善了中国气象局高端计算环境，为T213L31新全球中期数值天气预报业务系统和高分辨率HLAFS业务系统的研究提供了有效平台。

多年来，在满足气象应用的基础上，中国气象局不断扩大面向社会的服务和技术支持，为石油、高等院校和科研院所等部门共80多个外部用户提供高性能计算资源的共享服务，取得了丰硕成果。国家气象中心32个样本的T106L19模式的集合数值天气预报系统，在国内其他任何计算机上均无法计算，或者无法赶上业务时效要求，使用神威计算机系统的264个PE、16个IOP做出集合预报产品，系统运行时间仅8小时，完全满足实际业务工作时效的要求，不仅提高了气象中期预报的准确率和可信度，也标志着我国建立在自己高性能巨型计算机上的重大气象应用，跨入了世界先进行列。我国中尺度模式MM5在神威机上建成了5千米分辨率的特殊气象保障数值预报系统，为国庆五十周年天安门阅兵、澳门回归、西昌气象卫星发射等特殊气象保障提供了前所未有的高分辨率中尺度降水数值预报产品。该系统已经建立自动化程度较高的预报流程，从数据接收、数据运算、数据处理到数据发送都摆脱了人工干涉；从1999年12月中旬开始，每天中午准时运行，使用128PE进行3重高分辨率（5千米）计算。

消化吸收：提升中国数值天气预报水平

2000年国产神威–1高性能计算机落户中国气象局，理论峰值达到3840亿次浮点运算/秒。在神威–1运行的32个样本的T106L19集合数值天气预报系统，提高了气象中期预报的准确率和可信度，使中国数值天气预报水平有了新的提升。

2004年中国气象局引进了IBM Cluster 1600高性能计算机系统，共有3200颗CPU，整体峰值计算能力高达25.84 TFLOPS（每秒万亿次浮点运算），内存总容量8224 GB，磁盘总容量128.98 TB。用于业务和科研的计算能力比1978年提高了近2300万倍，比2000年提高了近200倍，并经受住了2006年、2007年汛期，2008年初低温雨雪冰冻灾害的考验。

2009年中国气象局引进国产神威4000A高性能计算机系统，用于承担应对政府间气候变化专门委员会第五次评估报告（IPCC_AR5）模拟实验任务。

2012年中国气象局引进了IBM Flex System P460高性能计算机系统，共有60032颗CPU，存储总容量为6925 TB，理论峰值运算速度为1759万亿次浮点运算/秒，极大地提升了中国气象局高性能计算能力，分辨率为15千米的GRAPES全球模式10天预报处理时间可在1小时内完成。

国产超算：接连在全球最强超榜单拔得头筹

2019年1月，国产“曙光”高性能计算机系统建成并投入业务运行，以超出预期的性能，令人眼前一亮：系统计算能力达到8189.5万亿次浮点运算/秒，存储能力23088TB，内存总量为690432GB。在系统架构上，它有两套子系统互相备份，计算资源相对独立，共享存储资源。即便其中一套出现故障，另一套会提供相同支持，气象业务的可靠性大幅提高。“派-曙光”高性能计算机系统上线运行后，使当年气象部门高性能计算机系统总运算能力接近10千万亿次浮点运算/秒。

值得一提的是，来自“风云”系列国产气象卫星的数据，也已经全面应用到这台国产高性能计算机系统所支持的各项业务和科研作业中。“派-曙光”作为应用国产卫星数据、运行国产模式的国产气象高性能计算机系统，扛起了GRAPES全球四维变分同化系统、北京市气象局冬奥睿图模式运行、全国高分辨率风能太阳能多源数值预报集成业务和全国水平分辨率200米风能资源图谱制作，以及全球大气再分析产品研制等多项业务、科研的重担。

“派-曙光”帮助气象部门更快地研究、制作、发布更加精准的天气预报，惠及公众。在2018年汛期实时环境下，这套国产高性能计算机系统已经默默参与到重要预报业务中，在“玛丽亚”“安比”“山竹”等台风预报中为全国会商提供参考；上海合作组织青岛峰会、上海进口博览会的数值预报产品保障服务工作，都有这套高性能计算机系统贡献的力量；科研人员还利用它开发了GRAPES-GFS全球卫星云图模拟产品、降水量级误差订正产品、平昌冬奥会预报产品等。

运行“派-曙光”国产高性能计算机后，中国气象局高性能计算机系统总体规模已跃居气象领域世界第三位（2019年），仅次于英国气象局和日本气象厅。

高性能计算机领域的革新永无止境，科研技术人员还将继续努力，探索应用新型体系架构，开展技术攻关，为促进我国数值模式发展、提升气象服务能力提供新速度、新效率、新动能和新支撑，推动气象现代化水平“更上一层楼”。

【策展手记：曾经的“计算一哥”CRAY超级计算机】

展馆里最大、最重的展品就属CRAY超级计算机了。它看起来只是个笨重的塑料壳，但却是突破了巴统会封锁，经过九年谈判才进入我国的，成为我国数值预报发展的时代见证。

我国现代化数值天气预报业务于20世纪80年代正式开展，此时的超级计算机市场，正是CRAY（克雷）公司的天下。克雷公司的创始人是有“超算之父”之称的西摩·克雷。1972年，他创建了克雷研究所，并于1975年发布Cray-1超级计算机。它可提供106次浮点运算能力，成为业界公认最成功的向量流水计算机。Cray-1共安装了35万块集成电路，但占地不到7平方米，质量不超过5吨，有艺术品的味道。

EL98为中国气象局最先引进的CRAY超级计算机。1994—1995年，中国气象局再次引进CRAY超级计算机（CRAY C92）。C92是CRAY C90的升级款，其峰值速度翻了一番达到2Gflops，内存1GB，磁盘空间127GB。引进CRAY C92后，中国气象局科研人员依靠CRAY C92的强大算力，相继实现国内区域模式HAFLS、T106数值预报模式、台风路径数值预报模式等模式预报产品的业务化。

20世纪90年代后期，随着中国气象局开始转向使用基于集群计算的高性能计算机，并开始更多的利用国产自主研发的超级计算机，CRAY不再独领风骚。世纪之交，中国气象局最后一次引进Cray系列。这次引进的是1994年发售的Cray J90，其峰值速度达到6.4Gflops。

1994年，克雷研究被硅谷图形公司并购。1995年，克雷电脑公司宣告破产，众所期待的Cray-4没能够完成。1996年8月，年近古稀的克雷还想发起最后冲锋，创办了SRC公司，但那年10月5日，他因车祸不幸离世。江湖上再无CRAY公司，再无Cray-4。今天我们看到的克雷公司，其实成立于2000年。严格意义上说，和当初的CRAY公司并无紧密联系。

虽然克雷和他的克雷公司已经远去，但当年那台叱咤风云的“算天一哥”CRAY C92如今正安静地待在中国气象科技展馆里，隐藏功与名，默默见证中国气象事业的大飞跃。

第五节 说说天气预报准确率

做出更精细、更准确的天气预报，是气象人永恒不变的追求。

早期的天气预报，由于受通信条件限制，各站点观测数据不能及时传送，无法了解各种天气现象的空间分布特点，预报只能依赖单一站点观测进行，准确率较低且预报结论多是定性的。

随着地面、高空观测网的建立和通信技术的发展，人们对天气系统的形成、移动和发展有了更深刻的认识，开始结合单站观测数据和空间天气图进行预报。

现代天气预报创始人、挪威气象学家 V·皮叶克尼斯认为天气预报的核心问题可以归结为：用大气状态在某一个时刻的观测值求解一般形式的流体动力学控制方程，来预测未来任意时刻的大气运动状态。20世纪20年代，英国数学家、气象学家刘易斯·弗莱·理查德森使用 V·皮叶克尼斯模式预报了中欧两个单点天气，揭开了数值天气预报的序幕。到20世纪末，在数值模拟的指导下，天气预报质量迅速提高。随着空、天、地观测技术的进步和信息一体化的完善，我国的天气预报实现了数值天气预报与卫星、雷达等探测技术的结合。多源数据可以为天气预报提供更全面更详细的参考，特别是在自然条件复杂、难以进行地面观测的地区，卫星观测能在很大程度上解决数据稀缺的问题，实现高时空分辨率动态监测。

既然使用全面的观测数据，预报模式得到了很大的改进，为什么天气预报还会不准呢？误差是怎么来的？

“蝴蝶效应”的提出者、美国科学院院士爱德华·洛伦兹认为，即使用完美的模式和最完善的观测资料，大气的混沌特性也会把天气的可预报性约束在约两周之内。叶笃正院士曾指出，大气运动本身复杂多变，混沌现象就是当人们从大气运动的初始状态出发计算未来大气状况时，初始状态微小的差异会带来演变结果的偏差，且这种偏差随着时间而增大。就是说，预报的准确率随时间的延伸是下降的，预报的时间跨度越大，准确率就越低。目前，我们还不能完全知晓大气运动规律，数据的完整性也存在问题，观测、预报技术同样有待提高。

预报员们的经验可以在一定程度上校正预测误差，弥补预报模型的不足。一次简短的预报结论的背后，是计算机的大量模拟和预报员的认真分析。当遇到台风、暴雨等大天气过程，更需要加密观测预报。

近10年来，随着天气预报技术不断完善，预报水平得到较大提高。我国预报产品也从原本的气温、风和天气现象三类细化到四大类18个气象要素，预报准确率逐年稳步上升。

尽管预报准确率不断提高，但公众需求也在日益增长，预报精度始终面临挑战。“东边日出西边雨”的情形常常出现，即使利用台站观测资料保证单点的预报准确性，仅以几个点的预报结果来代表一大片区域的方法，已不能满足人们的需求。建立一套高时空分辨率的格点预报系统和产品迫在眉睫。

什么叫格点预报？假如把每天生活的环境划分为一个个方格，那么每个格子的下垫面和大气运动状况都是不同的，因为提供充足水汽的湖泊、遮挡太阳照射的植被、影响空气流动的高楼等都会产生不同的动力、热力作用。既然每个网格的天气状况有所不同，那么为了体现这种差异性，就需要分别对每一个网格点中的气象要素进行预报，这就是格点预报。

经过不懈努力，2017年底，全国0～10天智能网格气象预报业务投入业务试运行，时间分辨率为逐3小时，陆地空间分辨率为5千米，其中24小时内气象要素预报精细到逐小时。全国各省（自治区、直辖市）均建立了乡镇精细化预报业务，乡镇覆盖率达到96.7%，公众可随时随地获得基于位置的精细化气象服务。2019年，全国24小时晴雨、最高气温和最低气温预报准确率分别为87.9%、81.3%和84.3%。强对流预警时间提前量38分钟，暴雨预警准确率89%。目前，中央气象台24小时台风路径预报误差是66千米，达到国际领先水平。

未来，天气预报技术将继续向“数字化、精准化、智能化”革新，更有效地保障人民群众的生命财产安全和经济社会发展。

第六节　从气象学家脚步停止的地方开始

美国气候学家海蒂·卡伦谈到气象学和气候学的区别时，认为“气候学家从气象学家停止脚步的地方开始前进”。地球上覆盖的很厚的空气层，叫作大气。大气中存在的阴、晴、冷、暖、干、湿、雨、雪、雾、风、雷等各种物理、化学状态和现象，被统称为气象。天气指一个地区较短时间的大气状况，气候则是一个地区多年的平均天气状况及其变化特征。世界气象组织规定，30年记录为得出气候特征的最短年限。我国古代以五日为候，三候为气，一年有二十四节气、七十二候，各有气象、物候特征，合称为气候。海蒂·卡伦说，气象学家沉迷于大气，而大气的记忆只能维持一周。气候学家关注的气候形式的时间量程则从数月到数百年、数千年甚至数百万年。

从20世纪70年代开始，气候科学进入现代气候学的全新阶段。1974年世界气象组织和国际科学联盟理事会明确提出了“气候系统”的概念。气候系统是大气圈与水圈（海洋）、冰雪圈、岩石圈和生物圈5大圈层相互作用的整体，气候则被认为是气候系统在一段时间内的平均状况。

气候，这一自然环境中最活跃的因素，自工业革命以来正经历前所未有的变化，因气候异常引发的极端事件严重威胁着经济社会发展和人民安全福祉。新中国成立以来，我国的气候业务服务实现了从无到有、由弱到强的历史性跨越。

气候预测

气候预测关注气候系统中的关键要素在未来一段时期的平均状况与气候平均态的差异趋势。世界气象组织对气候平均值的计算做了规定：取最近30的平均值或统计值，作为该要素的气候平均值。目前，我们所用的气候平均值是1981—2010年间30年的平均值。

我国气候预测业务经历了两个发展阶段。第一个阶段是物理统计预测阶段。20世纪70年代以前，气候预测方法基本上是天气气候学的统计相关、相似和周期分析。例如，根据某个气象变量演变的历史数据，发现其具有2年的变化周期，根据周期预测来年的变化趋势。20世纪70—80年代，各种数理统计方法在短期气候预测中得到广泛应用，把过去简单的统计方法提高到更加客观、定量的水平。进入20世纪80年代，随着短期气候预测理论研究的发展和观测事实的不断揭示，分析物理因子受到极大重视，对影响大气环流变化和气候异常的物理因素的分析——如海气相互作用、陆地热力异常的影响、低频振荡、遥相关、关键环流因子等——在广度和深度上都得到大力发展。通过分析影响因子，建立具有一定物理意义或天气气候概念比较清楚的预报概念模型，增强了短期气候预测的物理基础和预测能力。20世纪80年代后期开始，各级气候预测业务部门基于微机建立了第一代长期预报自动化业务系统，结束了气候预测业务中资料处理和预报制作的手工和半手工操作局面，气候预测业务能力明显提高。

第二个阶段是动力与统计相结合阶段。20世纪90年代后期以来，随着“九五”科技攻关项目“我国短期气候预测系统的研究”的实施，中国气候预测业务技术进入新阶段，进一步完善了中国夏季降水物理统计综合概念预测模型。基于这一物理机制清晰的概念模型，气象工作者多次做出过准确的汛期气候预测结果。同时，我国从无到有研制了中国第一代海气耦合（海洋与大气之间相互作用）的动力气候模式预测系统，实时提供延伸期、月、季节预测产品，并以此为基础，建立了集气候监测、预测、影响评估和应用服务于一体的气候业务系统，大大加强了气候预测和服务能力。

2005年起，中国气象局开始研制新一代海–陆–气–冰多圈层耦合气候系统模式，不仅考虑了大气环流和海洋环流的演变，还兼顾陆面过程模式、海冰模式，以及这几个分量模式间的耦合，更加全面地反映了气候系统中多圈层相互作用的特征。基于该模式发展成果，2016年，我国建立了第二代气候预测模式业务系统，可提供延伸期、月、季节、年际、气候变化等多时间尺度模式产品。在此基础上，我国还开展了延伸期关键天气过程预测、多模式解释应用和综合集成、动力相似等客观化预测技术的研究与应用，建立了以模式为基础、动力与统计相结合的客观化预测业务技术体系，使预测水平进一步提升。

气候影响评估

气候影响评估业务包括：气候资料的实时接收、预报预测产品收集、气象灾情和社会经济数据信息收集及相应数据库建设；建立指标和模型评估体系；建立业务平台，开展气象灾害或气候事件发生前、中、后不同时间段的监测、评估、预评估以及气候影响评估、气象灾害风险评估等。为提高防灾减灾、制定气候变化适应对策提供科学依据。

目前，全球海气耦合模式是气候变化预估的首要工具。我国气候变化预估业务，主要是在全球和区域气候模式模拟结果的基础上，对中国地区未来气候变化进行预估分析，并进一步应用到气候变化的影响、适应和未来可能引起的风险评估等方面。

2004—2011年，国家气候中心组织研发的海气耦合模式参加了耦合模式比较计划第三、第五阶段的多模式比较，开展了预估试验，支撑了政府间气候变化专门委员会（IPCC）第四次、第五次评估报告的编写，提升了中国气候模式的国际影响力。

自2017年以来，国家气候中心使用最新的气候系统模式版本，参与耦合模式比较计划第六阶段的工作，并开展新情景下的气候预估试验，以支撑IPCC第六次评估报告编写和未来的气候变化预估研究。

中国气象局还针对我国温室气体排放、美国五角大楼气候变化特别报告、英国斯特恩报告等进行分析，并形成决策服务材料上报国家领导人，为中国经济社会发展和参与国际气候问题谈判等，向党政决策者提供决策咨询建议。

另外，气候影响评估服务也从无到有、日臻纯熟，是国家、省（自治区、直辖市）、地（市）、县各级气象部门的基本业务。气候影响评估涉及经济与社会活动的许多方面，如农业、工业、交通、水资源、能源、水产、海洋、生态、人体健康、经济等领域。

国家级气候业务单位负责收集汇总全国气候影响情报和资料，开展气候对各行业影响评估方法技术研究，制作和分发全国气候影响评估产品，指导全国气候影响评估业务技术。各省（自治区、直辖市）级气候业务单位负责收集本地区气候影响情报和资料，制作和分发本行政区域内气候影响评估产品，指导地（市）、县气候影响评估业务技术。各地（市）、县级气候业务单位负责收集本地区气候影响情报和资料，制作和分发所属区域的气候影响评估产品。

第七节　中国应对气候变化在行动

气候变化不仅是21世纪人类生存和发展面临的严峻挑战，也是当前国际政治、经济、外交博弈中的重大全球性问题。中国是遭受气候变化不利影响最为严重的国家之一，作为全球应对气候变化的重要参与者，积极应对气候变化，不仅是实现可持续发展的内在要求，也体现了中国对全世界的责任担当。

近年来，中国不仅在本国环境治理、节能减排、发展绿色低碳技术等方面取得了骄人成绩，在主动承担国际责任、积极参与国际对话、支持发展中国家应对气候变化、推动全球气候谈判、促进新气候协议的达成等方面也做出了积极贡献。中国气象局是国家应对气候变化基础科技支撑部门，为国家应对气候变化提供了坚实的保障服务。

郑重承诺彰显大国担当

中国是《联合国气候变化框架公约》首批缔约方之一，也是联合国最主要的气候变化科研机构——政府间气候变化专门委员会（IPCC）的发起国之一。

长期以来，中国高度重视气候变化问题，把积极应对气候变化作为国家经济社会发展的重大战略，把绿色低碳发展作为生态文明建设的重要内容，采取一系列行动，为应对全球气候变化做出重要贡献。

中国是最早制定实施应对气候变化国家方案的发展中国家。2007年6月，中国政府发布《中国应对气候变化国家方案》，全面阐述了中国在2010年前应对气候变化的对策，不仅是中国第一部应对气候变化的综合政策性文件，也是发展中国家在该领域的第一部国家方案。这一方案还对当年年底联合国气候变化大会通过“巴厘路线图”，确立应对气候变化谈判关键议题的议程安排，起到了重要作用。

2007年10月，“建设生态文明”写进党的十七大报告，为中国环保掀开崭新一页。

2008年10月，中国政府发布了《中国应对气候变化的政策与行动》白皮书，全面介绍减缓和适应气候变化的政策与行动，成为中国应对气候变化的纲领性文件。

2009年11月，中国宣布到2020年单位国内生产总值二氧化碳排放比2005年下降40%～45%的行动目标，并将其作为约束性指标纳入国民经济和社会发展中长期规划。从数据上看，中国作出的减排承诺相当于同期全球减排量的四分之一左右。

2013年11月，中国发布第一部专门针对适应气候变化方面的战略规划《国家适应气候变化战略》。

积极构筑国家气候安全屏障

进入21世纪，气候变化成为当今国际社会普遍关注的重大全球性热点问题，气候变化问题被提到国家政治的高度，各国在全球温室气体减排、气候变化适应等方面谈判斗争异常激烈。

为了更好地发挥中国在世界气象组织和亚洲气候变化工作中的作用，2002年，中国气象局在科技与气候变化司下增设了气候变化处，组织召开了中国气候大会，研究了气候变化对我国社会经济发展的影响及气候与可持续发展问题，通过了《中国国家气候计划纲要》《中国气候系统观测计划》，启动了气候观测系统台站建设。2003年，中国气象局成立了北京气候中心。2006年，科技部、国家发展改革委、外交部、中国气象局、国家环保总局和中国科学院联合发布了《气候变化国家评估报告》。承办了地球系统科学联盟（ESSP）全球环境变化科学大会和第二届全球环境变化科学大会青年科学家会议，吸引了来自世界各国的专家学者齐聚一堂。牵头并联合科技部等六部门制定并发布了《中国气候观测系统实施方案》。中国气象局还强化气候变化影响评估和决策服务，向中央提出加强应对气候变化能力建设的建议，并写入党的十七大报告。2007年，中国气象局成立国家气候变化专家委员会和中国气象局气候变化工作领导小组。2008年，中国气象局气候变化中心成立。

党的十八大、十九大相继提出统筹推进“五位一体”总体布局，坚持新发展理念、坚持“绿水青山就是金山银山”、推进人与自然和谐共生，为我国绿色、低碳、可持续发展确立了坚实的理论基础和行动指南。中国以高度负责任的态度，积极参与全球气候治理，为达成应对气候变化《巴黎协定》做出了重要贡献，是落实《巴黎协定》的积极践行者。中国气象局坚持应对气候变化基础性科技部门的定位，紧密围绕国家和区域重大发展战略需求，围绕《巴黎协定》落实和碳达峰目标与碳中和愿景，助力生态文明建设，保障气候安全，持续增强气象部门在气候变化科学研究、影响评估、模式研发、温室气体监测和决策服务上的优势，致力于提升支撑国家重大战略制定和实施的能力、区域气候变化预估与风险评估定量化能力和参与全球气候治理贡献力和影响力。

高海拔地区对气候变化更为敏感，全球变暖导致了喜马拉雅地区气温上升明显，冰川退缩，雪线上升。长期以来，气象部门持续推进青藏高原的气象科技支撑能力建设和应对气候变化监测能力建设，取得了显著成效，为西藏生态文明建设和应对气候变化提供了有效支撑。重点增强了青藏高原气象卫星观测能力；建立并完善青藏高原区域卫星气候数据集，稳步提高数据集质量；以第三次青藏高原大气科学实验项目成果为依托，在青藏高原地区建设以卫星产品校验为目标的多尺度观测实验场，提高青藏高原地区定量遥感产品质量；与西藏自治区联合建立卫星遥感应用中心，增强西藏卫星遥感应用研究能力；开展基于卫星遥感资料的青藏高原生态和气候变化监测预测技术研究，提升遥感服务的深度和广度；建立以地面监测为基础、以卫星资料为主的生态监测评价系统，加大对森林、草地、湖泊等的地面生态监测和卫星遥感监测，进一步提高卫星遥感在生态安全屏障建设中的重要作用。

气象部门积极宣传和普及气候安全知识，引导全社会从国家安全的战略高度认识和重视气候安全问题。举办“应对气候变化——中国在行动”大型系列公益推广活动，采取讲座、论坛、展览、影片播放等多种形式，面向政府机关、大型企业、学校、农村等多个领域的广泛人群，宣传强化应对气候变化的全局意识和公益责任。连续多年制作中、英、法、西多语种的《应对气候变化——中国在行动》电视外宣片和画册，面向国际传播，树立中国的负责任大国形象。

【小百科：气候变化预估】

气候变化预估是指在假定的自然强迫（太阳活动、火山活动）和人类活动（人为排放温室气体和气溶胶、土地利用）等外源强迫下，基于气候模式的模拟结果，对未来几十年至百年时间尺度上气候系统如何变化的估计。由于缺少自然强迫的未来变化预估，目前气候变化预估主要考虑人类活动的影响。气候变化预估随着气候模式发展和排放情景的更新逐步改进，其结果是政府间气候变化专门委员会（IPCC）历次评估报告的重要参考依据。

第八节　瓦里关曲线

瓦里关山，一座东北—西南走向的孤立山体，静卧在青海省海南藏族自治州共和县。中国，从这里迈出了保护地球的重要一步。

1994年，在海拔3816米的瓦里关山顶，建成了中国大气本底基准观象台（以下简称本底台）。它是世界气象组织全球大气观测系统的31个全球基准站之一，是目前欧亚大陆腹地唯一的大陆性全球基准站，也是国内唯一的全球大气本底台。

根据本底台的观测数据，气象工作者绘制出了一条著名的“瓦里关曲线”。“瓦里关曲线”是根据多年积累的观测资料绘制的二氧化碳变化曲线，可以代表北半球中纬度内陆地区的大气温室气体浓度及其变化状况。从曲线可以看出，大气二氧化碳的浓度呈整体上升趋势，并与全球温度上升有密切关系。“瓦里关曲线”是我国应对气候变化、参与全球气候治理的关键成果，为世界气象组织评估全球气候变化提供了重要依据。

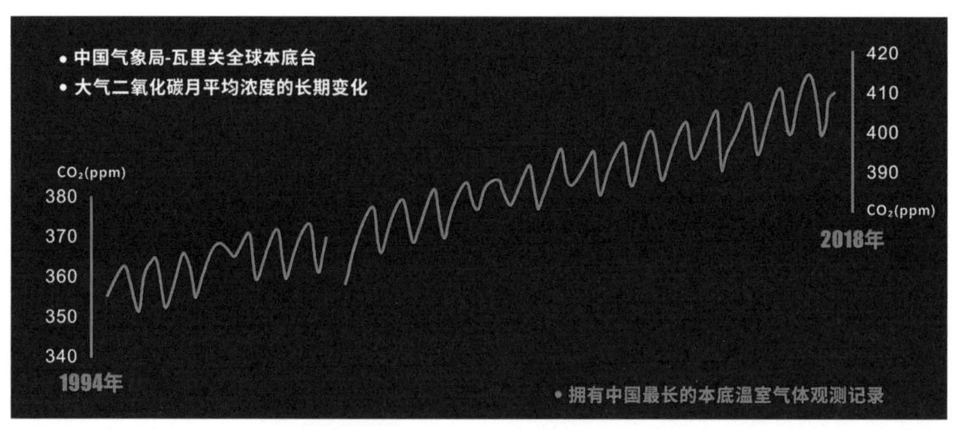

瓦里关曲线

建设——中国政府对世界的庄严承诺

1989年11月，一群年轻的气象“突击队员”在没电没路的瓦里关搭起帐篷，布设仪器，开展气象观测，为申请建设我国乃至欧亚大陆唯一的本底台做准备。1991年，时任中国气象科学研究院院长的周秀骥院士带领一批科研工作者登上山顶，再次对站址进行考察。

彼时，世界气象组织（WMO）全球大气观测系统刚整合不久，联合国政府间气候变化专门委员会（IPCC）第一次评估报告即将出炉，全球二氧化碳浓度的升高趋势越来越不容忽视，南北两极纷纷建起大气本底基准观测站。但欧亚大陆腹地的大气本底基准观测仍是一片空白，从已有观测站获得的数据尚不能代表全球气候变化的真正状况。

能否在中国内陆高原建一座本底台？设想一经提出便获得积极回应。

1992年，在WMO气候变化和环境发展大会上，时任国务委员宋健代表时任国务院总理李鹏在致辞时表示，中国正在同世界气象组织、联合国开发计划署和联合国环境规划署合作，在青藏高原建立世界第一个内陆型全球大气本底基准观测站，它的建成将有助于全球大气观测事业发展。

建站伊始，加拿大、澳大利亚等国专家漂洋过海来到瓦里关山，手把手教本底台工作人员使用仪器。

1994年9月15日，WMO代表联合国开发计划署与中国政府同时在日内瓦和北京宣布：世界上海拔最高的监测臭氧和温室气体的观象台将在中国开始工作。17日，本底台正式挂牌成立，填补了WMO全球大气本底基准观测站在中国和欧亚大陆的空白。

坚守——在山巅测量地球温度

在WMO、中国气象局和各级政府关怀下，经过一批批气象科技工作者的不懈努力，本底台茁壮成长，在基本观测、科学研究和应对气候变化等方面做出了卓越贡献。

目前，本底台实现了温室气体、卤代温室气体、气溶胶、太阳辐射、放射性物质、黑碳、降水化学和大气物理等30个项目60多个要素的全天候、高密度观测，每天产生6万多个数据，基本形成了覆盖主要大气成分本底的观测技术体系和系统。

本底台观测的温室气体资料，也是联合国气候变化框架公约的支撑数据，其结论具有政策指示作用。这些观测数据现已进入世界温室气体数据中心和全球数据库，用于全球温室气体公报和WMO、联合国环境规划署、IPCC等的多项科学评估。同时，本底台也为青海省温室气体公报的发布和污染源清单的调查与统计提供参考数据。

自建设以来，本底台先后协助国际组织和有关国家科研机构完成30多个科学试验项目，采用本底台观测数据发表的科学论文超过180篇。

本底台先后派6人（次）前往加拿大、澳大利亚、德国等地学习深造，7人（次）经选拔参加南极科学考察，成为我国南极科考的气象后备人才培养基地。

2006年，本底台被科技部列入国家野外科学观测试验站。2010年，被科技部评为国家野外科学工作先进集体。2015年，因在观测温室气体等领域有突出贡献，获得周光召基金会颁发的气象科技团队奖。2018年，本底台野外试验基地入选中国气象局首批野外科学试验基地。

当地政府为了保证瓦里关的观测环境，也做了大量工作，方圆50千米内不设工矿企业，飞往玉树的航班也为此更改航线。当地政府还协助气象部门实施道路维护、电路改造等项目，保障职工工作生活环境和探测环境。

初心——在云端扛起责任

对于温室气体本底浓度观测来说，瓦里关是一个科学合理的地方。但对人类生存来讲，3816米是一个时刻都在挑战极限的地方。

本底台有10人轮流值班，每组两人，每10天轮换一次。尽管大多数工作人员来自海拔2000米左右的西宁市，但每次换班仍然免不了高原反应。上山如同背着30千克的行李，爬两步楼梯就气喘吁吁，因缺氧嘴唇发紫，头两天几乎睡不着觉。常年上下山，对人体影响十分不利，而较之高原反应，寂寞和孤独更难忍受。

瓦里关常被云雾包围，“不要问我从哪里来，我的梦想在云端。”本底台不少同志这样说。室外的一座梯度观测塔高80米，维护任务重，不论严寒酷暑、刮风下雨、风吹日晒，观测员爬上爬下，清理结冰、除尘、加固仪器，保证观测正常进行。

观测使用的仪器大多为高精度光学仪器，由WMO从各国调配，仪器性能、原理、软件系统等差别较大。有些仪器操作步骤复杂、标定调试工序严格、技术资料基本为外

坐落在青海省瓦里关山的全球第一个大陆型基准观象台——中国大气本地基准观象台

文。为了熟练使用仪器，他们通过出国进修、请专家讲课、自己培训、自学等方式攻克难关，熟练掌握仪器设备的使用方法，高质量完成观测业务。

国家气候变化专家委员会主任委员杜祥琬院士到瓦里关后，被气象工作者的执着、坚守和奉献深深感动："他们终年坚守在这山巅，耐得住孤寂，扛得住艰辛，一丝不苟地观测，使中国对大气研究的贡献享誉全球。在这里，我们见证了科技工作者应有的本色，找到了科学精神的当代基准，再次感悟了堪称民族脊梁的价值观。"

决策气象服务

气象服务体系

专业气象服务

气象工作全面融入国家综合防灾减灾救灾体系

全面融入国家重大战略

第八章　做气象服务

公众气象服务

专项气象服务

全面融入经济社会发展

全面融入人民生产生活

第一节　发挥防灾减灾第一道防线作用

我国自然灾害中有70%是气象灾害。习近平总书记要求，发挥气象防灾减灾第一道防线作用。气象部门始终把做好防灾减灾，保护人民生命财产安全放在第一位。

目前，气象部门已依法建成了“党委领导、政府主导、部门联动、社会参与”的气象综合防灾减灾体系。中国气象局是国家防汛抗旱总指挥部成员单位，与水利部、自然资源部、交通运输部、农业农村部、应急管理部、国家林业和草原局等联合发布预警，建立了28个部门组成的部际联络员制度，全国31个省级气象部门与政府部门建立了气象灾害信息共享机制。建立了一支78万人的气象信息员队伍，覆盖99.7%的村屯。建成了全国一张网的突发事件预警信息发布系统，可以发布22 个部门的 152 类预警信息，预警信息送达时间缩短至 5～8 分钟，公众预警覆盖率达 92.7%。近年来，我国防灾减灾取得了显著的经济和社会效益，气象部门在其中发挥了不可或缺的作用。

防御台风“威马逊”

2014年7月17日白天至19日上午，第9号台风超强台风“威马逊”登陆海南（瞬时风力达到17级），先后给三沙、海南岛近海和陆地带来严重的风雨影响，受灾范围涉及海南18市县216个乡镇325.8万人。

台风“威马逊”过境后的情景

为做好台风过程气象保障服务，海南省气象部门提前7天对

"威马逊"的行踪做出了准确预报，第一时间为党政领导有关部门报送决策气象服务材料，通过专门预警决策信息平台向2.6万余名政府决策人员发送预警短信970988条，向基层气象信息员发送预警短信42753条，为各级党政领导的科学部署提供有力的支持。同时，借助有线数字电视、中国移动海南公司、中国电信海南分公司、中国联通海南公司，以及海南省气象服务中心声讯电话12121和9699121热线，向全省公众和各类专业用户发布台风消息19次、台风四级预警7次、台风三级预警8次、台风一级预警12次。另外，气象部门还通过北斗卫星系统向海南6000多艘渔船发送"威马逊"消息8次，确保在台风来临前，全省26410艘渔船全部回港避风，同时协助政府转移危险地带群众21万多人，将台风灾害造成的损失降到了最低程度。

"默戎奇迹"

从山上倾泻而下的泥石流，瞬间将14间房屋吞没于无形……2016年7月17日上午，湖南湘西州古丈县默戎镇龙鼻村发生的山洪地质灾害牵动了很多人的心，大家都在关注：灾害是否造成了大量人员伤亡？

不久，现场传来了让人振奋的消息——人员"零伤亡"！这堪称"默戎奇迹"！

默戎镇5个小时内降雨203毫米，其中1小时最大降雨量达104.9毫米，创下2016年以来全省1小时最大降雨量。

24小时降雨50毫米，属暴雨级别，而默戎镇的降雨，已数倍于暴雨级别，为特大暴雨。如果按降雨笼罩面积10平方千米计算，默戎镇5个小时降水总量达200多万吨，相当于一座小型水库总库容。特大暴雨迅速汇流，山洪暴发，泥沙俱下，致灾性极强，杀伤力惊人。如果没有提前防范，极有可能出现严重的伤亡。

"默戎奇迹"并不是偶然。从暴雨到山洪、泥石流暴发，短短两个小时内，先后有气象部门的暴雨橙色及红色预警、国土部门的地质灾害预警、防汛部门的群众转移预警；默戎镇相关防汛责任人或巡查险情，或监测隐患点，或组织群众紧急转移……尽管山洪、泥石流突如其来，但整个防御措施周密细致、有条不紊。人员"零伤亡"的"默戎奇迹"背后，是山洪地质灾害防御责任在当地"百分百"落实。

第二节 冷暖相伴四十年

大家最熟悉的天气预报节目当属每晚《新闻联播》后的天气预报。一家人吃完饭后围坐在电视机前共知风雨，是几代人心中的温暖记忆。

1980年7月7日，中央气象局与中央电视台合作，《新闻联播天气预报》节目正式开播，开启了我国电视气象服务的先河。40年来，《新闻联播天气预报》节目始终坚持“第一时间 权威发布”的平台定位，坚持做老百姓看得懂、喜欢看的天气预报节目，做具有鲜明时代特点的天气预报节目，做引领公共气象服务发展的天气预报节目。《新闻联播天气预报》节目依托中央电视台CCTV-1和CCTV-新闻频道并机播出，全年累计覆盖超过8亿电视观众，日均观众规模超过5000万人次。节目积极融入国家经济社会发展、改革开放历史洪流，服务产品和领域不断拓展，节目形式迭代升级，始终是中央电视台黄金时段收视率最高和最受百姓喜爱的节目之一。在全国电视节目收视率调查中，多次名列收视率排行之首，节目满意度稳定在85分以上，最高达88.7分。

老百姓看得懂、喜欢看

20世纪70年代末，电视作为新兴媒介进入普通家庭。中央电视台与国家气象中心（中央气象台）联合开展电视天气预报服务，改变了此前天气预报只能通过报纸、广播等方式传播的状况，使电视节目成为公众气象服务的主要手段之一。由于这档节目与《新闻联播》几乎无缝衔接，观众习惯称其为“联播天气预报”。

最初的节目完全是在中央电视台录制完成的，形式主要是“配音+画面”，中央气象台负责提供专业化的气象资料，节目配音由中央电视台主持人完成。中央电视台著名主持人邢质斌、罗京都曾为《新闻联播天气预报》节目配音。

20世纪80年代中期，国家气象中心开始筹建我国第一代电视天气预报节目制作系

上：1980年7月7日起，由气象部门提供天气预报信息，中央电视台制作播出
中：1986年10月1日，在中央电视台《新闻联播》后播出由气象部门独立制作的天气预报节目
下：1993年3月1日，在中央电视台播出全新改版的有主持人天气预报节目

统。1986年10月1日，《新闻联播天气预报》节目首次全面改版，一是节目开始由气象部门独立制作，成为中国电视界最早实现“制播分离”的日播节目，中国也成为世界上第一个由气象部门独立制作天气预报节目的国家；二是节目首次应用计算机技术制作电视天气预报，推出彩色卫星云图、天气形势预报等动态图形，节目的展示效果日臻完善，气象服务的专业性日渐突出。

20世纪90年代，我国影视行业在技术和内容方面飞速发展。《新闻联播天气预报》节目紧跟时代步伐，在形式和内容上不断突破创新。1993年3月1日，节目又一次迎来重要突破，不仅全国天气趋势预报时效由24小时延长到48小时，且节目中出现了生动形象的三维立体天气符号；宋英杰、赵红艳、裴新华、杨丹等气象主播陆续走上电视荧屏。观众对气象主播的出现高度认可，电视天气预报的节目样态基本确立并延续至今。

20世纪末，作为公众获取气象信息的主要渠道之一，《新闻联播天气预报》节目在气象防灾减灾方面发挥了重要作用。1998年，我国长江、嫩江、松花江流域出现历史罕见的洪涝灾害，节目及时播出长江流域将有大到暴雨的预报，发布暴雨警报，准确播出了关键性、转折性的雨势预报。

引领公共气象服务发展

40年来，《新闻联播天气预报》节目逐步成熟，拥有了稳定、庞大的观众群体，不仅成为家喻户晓的一档电视气象服务节目，同时在连接党和政府与人民群众方面发挥了坚实的桥梁和紧密的纽带作用，传播力、引导力、影响力和公信力日益提升。

节目及时发布预警，成为防灾减灾的主阵地。

2014年2月20日，首次发布重污染天气预报；2015年7月20日，首次发布山洪预警；2018年2月14日，首次发布高森林火险预警。节目已发布中国气象局与应急管理部、自然资源部、农业农村部、交通运输部、国家林业和草原局、生态环境部等6大部委合作的十余种预警类产品，形成部委联动防灾减灾的合力，充分展示了公共气象服务的社会效益。

节目及时为农服务，保障农业增产增收。《新闻联播天气预报》节目凭借传播范围广、覆盖人群多的优势，在春耕春播、夏收夏种、秋收秋种等重要农忙时节，每周固定时段结合天气变化及时发布各类预报预警信息，如"春播农用天气预报""气象干旱监测""马铃薯晚疫病预警"等，取得了较好的气象为农服务效果。

节目助力重大活动、重大事件气象服务保障。《新闻联播天气预报》节目在香港回归、澳门回归、2008年奥运会、世博会、国庆阅兵、国际峰会等气象服务保障中，积极提供预报服务信息，成为国家重大活动、重大事件期间电视观众最可靠、最权威的气象服务信息来源。

节目做好科普，提高公众气象科学认知水平。《新闻联播天气预报》节目借助先进的信息技术，不断挖掘气象大数据，增加专业气象信息解读，长期关注中国气候变化和节气特征演变，发布气象防灾减灾、天气过程解读、气象与生活常识等科普知识，不断提升公众的气象科学认知水平。

在《新闻联播天气预报》节目成功模式的带动下，气象影视行业蓬勃发展，建立起了辐射全国、立体多样、融合发展的中国公共气象影视传播服务体系。中国气象局气象影视中心通过25个国家级广播电视媒体向公众提供气象服务，全国31个省（自治区、直辖市）气象局的电视天气预报节目，分别在各地200多个频道播出，气象信息覆盖超过10亿人。同时，以《新闻联播天气预报》节目品牌影响力为基础，"中国天气"服务融合发展的全媒体传播格局逐渐形成，并日益凸显气象服务无微不至、无所不在的能力和社会效益。气象新媒体服务覆盖超过6.9亿用户，中国天气网日浏览量突破1亿人次，通过《新闻联播天气预报》节目扫码进入的《环球气象》微信订阅号用户已突破百万。

作为一档经典的、具有较高满意度的节目，《新闻联播天气预报》主动适应媒体环境变化，嫁接新的传播渠道，在新时代努力实现自我完善和发展。

第三节 呼风唤雨六十载

呼风唤雨、影响天气是人类自古以来的梦想，人工影响天气（简称“人影”）让这一梦想成为现实。

20世纪50年代，世界范围内人工影响天气试验兴起。在农业抗旱的迫切需求下，1956年，毛泽东同志指示，“人工造雨是非常重要的，希望气象工作者多努力”。我国积极为开展人工影响天气工作的各种准备，制定发展纲要、开展试验研究、选派留学生赴苏联学习等。

1958年8月8日，吉林省首次成功进行飞机人工增雨作业，开创了我国现代人工影响天气事业发展的新纪元。此后，我国人工影响天气事业不断发展，历经四个阶段。目前，不但可以缓解干旱引起的缺水或冰雹灾害，也在森林防（灭）火、水力发电、生态环境保护、重大活动保障等方面发挥着越来越重要的作用。

第一阶段（1958—1979年）：起步发展

1958年，继吉林省首次进行飞机人工增雨作业后，河北、湖北、安徽、甘肃、江苏、江西、辽宁、陕西、内蒙古等地先后开展了人工影响天气试验和作业。1958年12月2日，国家科委在北京召开了第一次全国人工降水工作会议。1960年5月，国务院召开办公会议讨论人工降水问题，时任副总理的李先念指示科委、中央气象局抓好这项工作。这一时期，各地人工影响天气外场作业规模不断扩大，结合作业，对云降水微物理结构、冷云催化剂制备方法、播撒装置、暖云催化剂核化机理等开展研究。但是，“文化大革命”期间人影工作受到影响。

1959年8月10日，第一次全国消雹经验交流会在云南省鹤庆县召开

人工影响天气作业

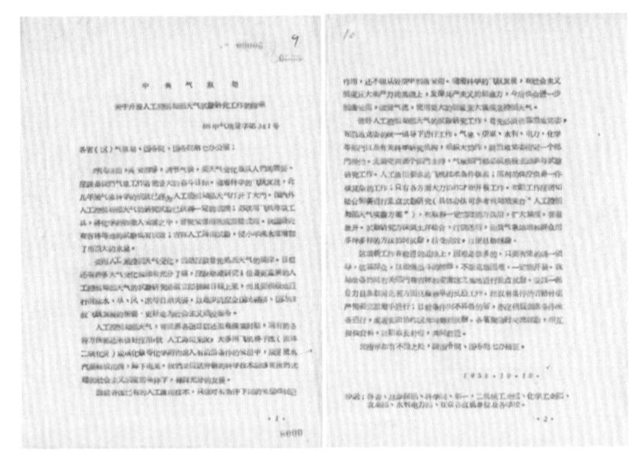

中央气象局关于开展人工影响天气的指示

第二阶段（1980—1987年）：调整提高

改革开放后，我国人工影响天气工作得到了及时调整，纠正了之前的错误方针。1980年，中央气象局对人工影响天气工作提出了“加强科学研究，调整、整顿面上工作”的意见，加强了人工影响天气的科学试验，慎重调整人工影响天气大规模作业，科研和技术开发不断得到加强，相继取得了一大批重要的科技成果，保障了我国人工影响天气工作的持续健康协调发展。

第三阶段（1987—2011年）：快速发展

1987年，人工增雨为扑灭大兴安岭森林火灾做出重要贡献，引起后续反响，国家气象局组织各地深入讨论了全面恢复人工影响天气作业问题，各地人工影响天气工作在经历了调整整顿之后，推广应用科技成果，重启规模化作业。1994年，国务院批准建立由13个军地部门组成的人工影响天气协调会议制度。1999年、2002年，《中华人民共和国气象法》《人工影响天气管理条例》相继公布实施，为人工影响天气活动奠定了基本法律遵循和保障。2008年，国家发展改革委印发第一个人工影响天气发展规划，标志着人工影响天气事业上升为全国统筹布局。这一阶段，全国人工影响天气作业规模快速增长并拓宽服务领域，各地加强人工影响天气现代化建设，提高作业科学化水平和效益，组织开展多项国家级研究计划并取得一系列成果。

第四阶段（2012年—　）：高质量发展

近年来中央一号文件多次提出，要加快推进人工影响天气工作体系与能力建设，科学开发利用空中云水资源。2012年国务院批准召开第三次全国人工影响天气工作会议，国务院办公厅印发了《关于进一步加强人工影响天气工作的意见》，突出强调了人工影响天气的基础性、公益性特点，确定了国家和地方统筹发展的新格局。党的十八大以来，随着一系列规划、办法的出台，人工影响天气能力建设进一步加快。

2013年，我国首个人工影响天气区域业务机构——东北区域人工影响天气中心成立，人工影响天气事业进入了区域统筹发展新阶段。2015年，首架国产大中型高性能增雨飞机“新舟60”加入业务序列，标志我国飞机作业能力迈入国际一流水平。一批新型地面作业装备和物联网监控系统逐步应用，使人工影响天气作业的自动化水平和安全监管能力显著增强。2016年，新一代人工影响天气指挥系统投入运行，各地现代化成果丰硕，我国成为世界上第一个可以实施跨区域调度、大范围作业、多架飞机跟踪指挥的国家。2017年，西北区域人工影响天气中心和工程启动，加强了西北干旱区和生态脆弱区的云水资源综合开发利用。通过开展典型云降水系统的综合开发利用实验，提高了人工影响天气的科技水平和服务效益。

2020年12月2日，国务院办公厅印发《关于推进人工影响天气工作高质量发展的意见》，擘画了未来5年人工影响天气工作发展的蓝图。到2025年，将形成组织完善、服务精细、保障有力的人工影响天气工作体系，人工增雨（雪）作业影响面积将达到550万平方千米以上，人工防雹作业保护面积将达到58万平方千米以上。到2035年，我国人工影响天气业务、科技、服务能力将达到世界先进水平。

科技推动人工影响天气事业发展

科技，成就了人工影响天气这门新学科，在中国人工影响天气事业的初创阶段，几乎所有相关领域的科学家都曾为此工作，如赵九章、顾震潮、钱学森、叶笃正、施雅风、谢义炳等。

云室是进行云物理实验必不可少的设备，当年西方国家对我国进行技术封锁，一切都要靠自己。1962年，中科院兰州高原大气物理研究所成功研制出我国第一台调温调压冷云室。

新型催化剂的研制成功同样靠自己。1993年，高效碘化银焰剂研制成功。1998年，人工增雨防雹子母焰弹火箭，以其间歇向后抛射播撒催化剂的独创方式，达到20世纪90年代初国际水平。

进入21世纪，人工影响天气技术的发展更加突飞猛进。中国气象局建成了云雾物理环境重点开放实验室，中国气象局和吉林省政府联合建立了人工影响天气实验室，人工增雨和防雹概念模型、云模式、探测和作业技术、关键装备研发取得了新的进展。2007年，中国气象科学研究院荣获世界气象组织人工增雨贡献奖。“十五”科技攻关课题“人工增雨技术研究与示范”通过外场试验，数值模式和室内实验进行关于人工影响天气技术的研究，取得了大量探测试验资料和科技成果，并获2008年度国家科技进步二等奖。

近年来，中国气象局开展“青藏高原云降水物理与大气水循环过程”和“云水资源评估研究和开发利用示范”等国家重点科研项目。在东北、西北基地，西北祁连山、天山、六盘山和三江源人影试验示范基地布设探测仪器，开展人影研究试验；在华北开展了平谷、栾城人工影响天气室内实验，建设了大气和云环境模拟的云室和风洞等设备，进行了人工影响天气基础理论研究、人工影响天气催化剂成核实验和催化剂研发。利用我国人工增雨探测飞机和先进机载探测设备，开展不同云降水过程宏微观结构的观测试验。利用多种云降水特种探测设备，开展了庐山云雾降水的观测试验，获取了不同降水过程的云降水粒子数浓度和尺度大小等微物理资料。“机载云降水粒子谱仪与成像仪研制”项目按期完成研制，并进行一系列仪器基础参数测试、系统优化、环境适应性试验及外场飞行试验。项目成果已在吉林、山西等省人工影响天气工作中得到应用，具备工程化与产业化条件，主要仪器性能指标达到国际同类产品水平。

物联网技术也应用到了人工影响天气作业试验中。人影装备弹药物联网应用示范是利用条码/二维码和射频识别技术、声电光自动感应技术、移动互联技术等，建立人影装备和弹药从生产、验收、转运、仓储到发射的全生命周期，实时自动监控与作业信息自动采集的集成应用系统。在贵州、陕西、北京、河南四个省（直辖市）试点不同技术模式与系统，比选评估后，为全国人影装备弹药管理提供可推广的工作模式与技术系统，提升人影作业安全管理的科技水平和业务服务能力。

目前，在人工影响天气领域，已颁布国家标准4项、行业标准16项。在编国家标准2项、行业标准16项。

60余年风雨兼程，开辟了新中国依靠科技力量自主探索人工影响天气事业的道路，谱写了发展中国特色人工影响天气事业的壮美篇章。

第四节 助力国家生态文明建设

气候条件不仅决定着自然生态系统的基本格局，亦深刻影响着人类经济社会发展布局。根据气候条件宜林则林、宜草则草、宜耕则耕、宜农则农、宜工则工、宜城则城的理念，早已镌刻于中华文明生态智慧之中。

新中国气象事业从起步阶段就将目光投向生态，不仅承担着气象观测预报、气象防灾减灾职能，还构筑应对气候变化、开发利用气候资源的科学基础。党的十八大以来，以习近平生态文明思想为指导，中国气象局科学谋划，发挥在生态保护与修复中的基础保障作用，主动融入打赢“蓝天保卫战”行动，以气象之力赓续生态文明，用科技支撑添彩绿色家园，焕发出强劲的发展活力。

聚焦生态需求，写好气象作为“大文章”

在气候变化不断威胁生态安全的今天，人们更深刻认识到与大自然相处的“趋利避害”之道——科学认识气候、主动适应气候、合理利用气候、努力保护气候，已成为推进生态文明建设的内在要求。

对标生态文明建设战略要求，气象部门的发展理念实现了自主升级：牢固树立社会主义生态文明观，找准定位、抓住机遇、提升能力，积极服务于绿色发展、循环发展和低碳发展。一幅融入人与自然和谐发展现代化建设新格局的气象蓝图正徐徐展开——

从国家战略高度谋划生态文明建设气象保障工作，纲举目张。中国气象局出台了《“十三五”生态文明建设气象保障规划》，通过顶层设计，指导思想更清晰，目标原则更坚定，主要任务更明确。出台了《关于加强生态文明建设气象保障服务工作的意见》，既有“机制体制”，又涉“制度供给”，既有“工作措施”，又含“技术要求”，且明确了国家、省、市、县四级气象部门职责分工，上衔国家战略要求，下接行业发展实践，为生态文明建设拿出了一套较为完整的“气象方案”。

生态文明气象法律制度体系建设的不断突破，亦发挥出有力的导向作用。气象灾害防御立法、气候资源开发利用和保护立法等工作扎实推进，20余省（自治区、直辖市）出台关于气候资源保护开发地方性法规和政府规章。生态气象遥感机构队伍日渐壮大，全国超半数省级气象部门挂牌成立生态气象与遥感中心，江西、陕西、西藏、内蒙古、黑龙江等省（自治区）气象部门还承担了地方生态遥感职责，提升了服务站位，需求对接也愈加精准。

锤炼专业实力，当好碧水蓝天“守护者”

多年来，气象部门坚持“基础性科技型”定位，努力实现“生态文明建设走到哪，气象保障服务就跟到哪”。盐碱化、石漠化、荒漠化、黑土地退化……面对生态保护与修复的需求，锁定生态脆弱区，气象部门发挥专业优势开展气象条件监测与影响评估，在京津风沙源治理、黄土高原地区综合治理、沙化土地封禁保护试点、三北防护林建设、国家公园试点建设等行动中提供了科学支撑。

中国气象局大力推进生态修复型人工影响天气业务试点，在三江源、祁连山、丹江口、白洋淀等典型区域开展云水资源监测评估、能力建设和作业试验。人工影响天气工作从早期防御气象灾害为主，拓展到当下云水资源开发、江河湖泊蓄水、森林草原防火等多领域。近10年来，青海三江源借助人工增雨（雪）增加降水近600亿立方米，黄河源头“千湖景观”再度显现，背后有地面调水和自然降水增加的因素，也离不开生态修复型人影的贡献。

瞄准打赢蓝天保卫战目标，气象部门发挥先导联动作用，全力提供支撑。2019年11月，一份2019—2020年冬季大气污染扩散气象条件预测信息向社会发布，其结论由气象与生态环境两部门联合会商得出。在遇重污染天气时，全国20余个省份的气象、生态环境部门均可遵照联动机制联合发布预警。国、省、市、县环境气象综合观测和预报预测业务体系稳定运行，京津冀、长三角、珠三角、汾渭平原环境气象预报预警中心相继建成，国家级和北京、河北、上海等地开展的大气污染气象条件评估业务为精准减排决策提供了有效依据……在与大气污染的战役中，“人努力”的成效清晰可见。

看得见的服务成效背后，是气象部门长期以来对硬实力的不懈锤炼。

有70年发展积淀托举下的厚积薄发。监测是气象工作的基石，在对生态需求的不断对接中，我国形成了以卫星遥感为基础、地面监测为补充的生态环境监测网络，实现对全国陆地和海洋全方位、多层次、长序列的生态环境监测。

有新时代、新技术浪涌中的顺势而为。落实习近平总书记关于“加快构建生态功能保障基线、环境质量安全底线、自然资源利用上线”的重要指示精神，各级气象部门深挖数据潜力，激活创新动力，参与生态保护红线划定和严守工作，纷纷被纳入生态保护红线协调机制成员单位，让气象数据在生态领域焕发新价值。

有生态治理能力现代化呼唤下的探索先行。在北京、杭州等200多个城市，气候环境容量、城市通风廊道分析、城市热岛效应评估等气候可行性论证，在城市建设与管理中发挥着不可替代的作用。

深挖气候资源，擦亮绿色发展“金字牌”

气候造就品质，品质成就品牌。

放眼全国各地，“汾河牡丹”花蕊茶、“金谷福梨”“京艳桃”……气候品质评估加持之下的特色农产品备受市场认可，附加值更随之提升。这一响应生态文明建设战略、开发利用农业气候资源的新举措，也为助力乡村振兴找到了新支点。不仅如此，气象部门和气象社会团体还依托气象科技优势，塑造“天然氧吧”“气候养生之乡”“国家气象公园”等生态品牌，为旅游业发展打造“金招牌”，带动了体育、康养等绿色产业发展。

绿色发展，“风光”无限。气象条件所决定的风能和太阳能状况，直接影响着风力发电和光伏发电效能。中国气象局先后于20世纪70年代末、80年代末以及21世纪初实施三次风能资源调查，摸清了我国风能资源的宏观分布。气象部门已完成全国风能1千米分辨率、太阳能10千米分辨率精细化评估，实时为800余个风电场和太阳能电站提供预报服务。在气象科技的指引下，生态与经济正携手驰骋在宽阔的绿色发展之路上。

生态文明建设是关系中华民族永续发展的根本大计。为了这根本大计，气象部门将持续汇入“科技之计”，赓续生态文明，守护美好环境，造福子孙后代。

第五节　注入脱贫致富新动能

根除饥饿和贫困是人类的夙愿。新中国成立以来，特别是党的十八大以来，一场举世瞩目的脱贫攻坚战在中华大地上如火如荼展开，曾经贫困的乡村迎来巨变。这其中，气象部门高擎“趋利避害、减灾增收”大旗，为脱贫攻坚注入新动能。

精谋实为：为打赢攻坚战

党的十八大以来，以习近平同志为核心的党中央坚持把解决好“三农”问题作为全党工作的重中之重，把脱贫攻坚摆到治国理政的重要位置，推进实施精准扶贫方略。

面对高质量打赢脱贫攻坚战的召唤，气象部门尽锐出战。贫困地区常处在高原、山区、荒漠等气象灾害多发重发区域，因灾致贫、因灾返贫、因灾积贫的情况时有发生，气候环境恶劣成为当地贫困根源之一。

脱贫先“减灾”、致富先“避害”，成为气象助力精准扶贫的有效举措和打赢脱贫攻坚战的重要基石。同时，贫困地区丰富的太阳能、风能和农业气候资源，也为“趋利增收”发展特色产业提供了天然动能。

贯彻落实《中共中央国务院关于打赢脱贫攻坚战的决定》中“加强贫困地区农村气象为农服务体系和灾害防御体系建设”的要求，2016年，中国气象局出台《打赢脱贫攻坚战气象保障行动计划》，明确提出，将切实发挥气象服务在贫困地区脱贫摘帽过程中“趋利避害、减灾增收”的独特作用。这一思路源于实践，且用于实践。

20世纪90年代，中国气象局响应党中央、国务院号召，坚决扛起责任，开启定点扶贫工作：从辽宁省朝阳市，到内蒙古自治区杭锦旗，再到现在的兴安盟突泉县，近30年来，一批批气象扶贫干部将他乡当故乡，建立起气象人与贫困百姓割舍不断的情谊。

扶贫示范产业园区内生机盎然，趋利避害的气象服务让更多农户“知天而作”，一户一策的“精准”之法逐个拔掉“穷根子”……自2013年中国气象局定点帮扶突泉县以来，“防灾减灾护产业、气象资源助脱贫、扶志扶智谋长远、扶贫扶心念党恩”的突泉扶贫模式，先后带领80个贫困村出列，贫困发生率连年下降。其可复制的精准脱贫模式已在全国气象部门推广。

兴建安居富民房、修建柏油路，根据气候特点带领村民开展特色农产品规模种植，将资源优势转化为经济优势——在这一理念下，新疆维吾尔自治区气象局定点扶贫的喀什地区伽师县克孜勒苏乡尤勒其村，于2016年底完成全村111个建档立卡贫困户整体精准脱贫，实现“将阳光洒满尤勒其”的扶贫承诺。

利用气候环境优势发展茶叶、中草药种植产业，养殖生态猪、饲养中华蜂，再修一条出山致富路。2018年，陕西省山阳县气象局定点帮扶的枫树村，依靠深挖气候环境潜力，提前一年实现“整村脱贫出列”。

2018年，国家级贫困县的农村公众气象服务平均满意度从2015年的88.7分上升至91.4分，创历史新高。

避害减灾：以需求为导向

据统计，全国330个贫困县年干旱发生率在40%以上，451个贫困县雨涝灾害频繁，部分地区冰雹、霜冻灾害严重……我国地域广博、幅员辽阔，天气气候形势复杂多样，致灾成因不一，不少贫困地区“一山有四季，十里不同天”，对气象防灾减灾、为农服务等提出了更高要求。为更好地发挥“避害减灾”作用，气象部门把监测预报预警服务聚焦到“精准”上来，做到“气象监测精准到乡镇，气象预报精准到乡村，气象预警信息精准到农户，风险防控精准到乡村”，确保贫困地区气象灾害测得细、报得准、发得出、收得到、用得上。

截至目前，832个国家级贫困县，自动气象监测站乡镇覆盖率提升至98.1%。分辨率为3千米的实况分析和智能网格预报业务建成，精细化预报能力提升，对强对流等极端灾害性天气的捕捉更从容。预警信息覆盖率达86.4%，驻村扶贫工作队全部纳入基层气象信息员队伍，覆盖率达99.5%，切实解决气象信息服务“最后一公里”问题。832

个贫困县完成中小河流、山洪沟、滑坡等灾害隐患点普查和数据入库应用。

2019年，随着最后一批自动气象站投入使用，西藏全区提前实现了2020年贫困乡镇自动气象站全覆盖的目标。气象与扶贫部门联合建立了扶贫公岗机制，贫困乡镇自动气象站的建设不仅带动了当地就业，其观测数据更为防灾减灾、生态文明建设提供坚实支撑。

在甘肃省平凉市静宁县的5条冰雹“必经之路”上，布置着严密的人工影响天气作业炮点。自2016年气象防灾减灾被纳入当地扶贫攻坚规划后，人工消冰雹作业有效降低了农业损失。多年来，气象部门不断加大对贫困地区飞机增雨作业的支持力度，缓解了这些地区水资源短缺和冰雹灾害影响，保障了粮食安全和生态安全。

趋利增收：以科技为支撑

“产业兴旺、生态宜居、乡风文明、治理有效、生活富裕”是党的十九大提出的实施乡村振兴战略总要求。

对标总要求，立足气象职能作用，中国气象局党组就贯彻落实乡村振兴战略，提出建设与农业农村现代化发展、农村综合防灾减灾救灾、农村生态文明、精准扶贫相适应的现代气象为农服务体系。

该体系以智慧气象为标志，是农业气象服务体系和农村气象灾害防御体系“两个体系”的转型升级，而气象科技正是其重要支撑。在助力脱贫攻坚、服务乡村振兴战略中，气象部门运用科技优势在“避害减灾”的同时，也在帮助广大贫困地区“趋利增收”，为从根本上改变贫困地区面貌、振兴乡村贡献气象智慧。

得益于多年来打造的地、空、天立体观测网和集卫星遥感、智能终端观测、农田小气候观测、实景观测于一体的农业现代化生态气象遥感应用系统，气象部门积累了丰富的农业气象观测资料和适用于深度挖掘的气象大数据，为开发贫困地区优质农业气候资源提供了坚实基础。

目前，气象部门已组织完成832个贫困县的气候资源普查和评估工作，完成全国14.5万个建档立卡贫困村的精细化太阳能资源评估，为地方政府开展光伏扶贫提供支撑。多地气象部门积极开展贫困乡村生态旅游服务和气象景观预报服务，国家级贫困县3A级以上景区精细化天气预报覆盖率达100%。

一村一品、一县一业，结合贫困地区产业特点，适应农业供给侧结构性改革要求，农业气象服务有效供给正在从“大水漫灌”向“精准滴灌”转变。精细化特色服务拓宽了脱贫增收渠道，而滚滚气象“红利”释放的背后，显然离不开气象科技的支撑。

甘蔗气象服务中心与广西捷佳润科技有限公司联合研发了甘蔗水肥一体化智能管理系统。该系统可根据气象条件分析出适宜灌溉的时机、区域、水量，曾被习近平总书记称赞为“种田神器”。像甘蔗气象服务中心这样的特色农业气象服务中心，全国还有14个，均由中国气象局和农业农村部联合遴选出来。此举是为满足农业供给侧结构性改革需求，积极融入“三区三园”建设的重要实践。

宏观层面融入地方产业发展，微观层面解决气象服务与具体需求的融合匹配问题，发展覆盖新型农业经营主体的直通式气象服务是一剂“良药”。借助“气象部门—新型经营主体—小农户”的服务机制，直通式气象服务跟踪种植大户农业生产各阶段需求，增强小农户气象灾害风险防范能力。目前，国家级贫困县所在的22个省（自治区、直辖市）中，有21个省（自治区、直辖市）直通式气象服务覆盖率达80%以上。

勠力同心，足音铿锵，脱贫攻坚战完美收官，精准扶贫气象工作者交出高质量答卷，为实现人民对美好生活的向往贡献着气象力量。

第六节 从看天吃饭到知天而作

60余年前，原中央气象局发布了第一期《全国农业气象旬报》，广袤农村，有了权威看点。今天，农业气象服务已成为气象部门规模最大、技术最成熟、体系最规范的气象业务。

它是重要决策信息提供者。在农业防灾减灾、国家粮食安全保障、农业应对气候变化等诸多方面，为党中央、国务院，为涉农部门、大中型粮贸企业提供科技支撑。它是高质量发展参与者，以农业气象指标、作物生长模拟、卫星遥感、大数据等技术为核心的业务平台，正逐步成为气象服务经济社会高质量发展的重要力量；它是现代农业拓路者，随着现代农业对气象服务需求的增加，农业气象服务逐步扩至气象监测评价、农业气象预报、作物产量预报、农事活动监测预报、生态气象监测评估等领域；它是“三农”命题答卷人，农业气象服务基本实现了从点到面、从单一指标到综合指标、从定性到定量、从宏观到精细的快速发展。

自2004年开始，中央“一号文件”连续17年聚焦“三农”，连续16年对气象为农服务提出明确要求：2010年首次提出要健全农业气象服务体系和农村气象灾害防御体系（以下简称两个体系），2020年首次将“智慧气象”与物联网、大数据、区块链、人工智能、5G等并列为现代信息技术。

让土地生金 把饭碗端牢

解决好吃饭问题始终是治国理政的头等大事，保障国家粮食安全是一个大课题。

喜看稻菽千重浪，为把丰收愿景变为实景，农气服务人员下乡入田，调查作物长势，监测农田墒情，为把口粮切实装进中国老百姓的饭碗里提供气象“引擎”。这股驱动力贯穿于每一个农业关键时令，释放在中国的每一个农业产区。

在南方，水稻生产大省湖北曾因早稻部分产区存在生产季节紧、成本高、产量低等问题，在2017年调减双季稻劣势区种植面积150万亩、丘陵山区中稻50万亩。减下来的耕地干什么？答案是发展特色优势产业。在滨湖田、低湖田和冷浸田等双季稻劣势区，发展稻田绿色综合种养，新增再生稻约50万亩，实现“一种两收”。湖北气象部门跟进农业种植结构调整，开展特色农业气象服务，从“一县一业、一村一品”入手，构建起32种农业气象服务指标，提供农用天气预报等6大类24种服务产品，以及对9种作物的定制化服务。

农业产业结构调整的目的，就是要让土地“生金”，实现高质多产。在东北，我国最大的商品粮基地黑龙江省正在推进玉米和水稻的种植结构调整。根据不同区域农业生产特点，气象部门重新划分全省积温带，针对主栽品种进行精细化区划，为作物种植结构调整提供决策咨询。

带着“新时代、现代化、趋利避害并举”的鲜明特征，气象为农服务“两个体系”的转型升级版——现代气象为农服务体系，是气象部门落实农业供给侧结构性改革的新实践。在我国农业生产还未完全摆脱“靠天吃饭”局面的当下，如何充分利用有利气象条件保障现代农业生产，气象部门大胆试水，发展智慧农业气象服务。

为农服务的变化，农民最有发言权。“这在以前，不敢想象。”甘肃省正宁县西渠村种植大户在气候区划指导下，采用全膜双垄沟播技术，一下雨，雨水就被收集到地膜下，保墒、保温、增产、解旱，最终实现平均亩产600千克。气象部门建立的“数字档案馆”，为河南峰辉盛世农业科技有限公司蔬菜种植提供科学参考，近千亩高品质蔬菜远销“一带一路”沿线国家。

为农服务的质量，数字最有说服力。国内外粮食总产量预报准确率分别稳定在98%和95%以上。中国气象局与农业农村部联合开展的直通式服务和气象信息进村入户工作，惠及全国近100万个新型农业经营主体。农业气象基础业务能力逐步提升，建成由70个农业气象试验站、653个农业气象观测站、2175个自动土壤水分观测站组成的现代农业气象主干观测站网。现代农业气象业务服务组织更加有效，基本形成国、省、市、县四级业务和延伸到乡的五级服务格局。与农业农村部联合创建的15个特色农业气象中心创出新特色。

中国大地上，一场气象为农服务的质量变革、效率变革、动力变革正在悄然展开。

助乡村平安 让乡亲放心

农村，是气象灾害防御的薄弱地区。面对农村防灾减灾救灾的需求，气象保障加快脚步。

随着重心下沉、关口前移，气象防灾减灾工作实现从“救”到“防”的转变。这也是贯彻“两个坚持”“三个转变”等防灾减灾救灾工作重要论述的体现。

气象部门更注重农村气象灾害监测预报。建成了5.7万个区域自动气象站，乡镇覆盖率达95.9%，建立了精细到乡镇的灾害性天气短时临近预报预警业务。累计完成全国35.6万条中小河流、59万条山洪沟、6.5万个泥石流点、28万个滑坡隐患点的风险普查和数据整理入库，全国暴雨洪涝灾害风险普查和风险区划工作基本完成，以预警信号为先导的应急联动机制初步建立。

气象部门更注重增强农村气象预警信息发布能力。建成国家、省、市三级突发事件预警发布平台和2016个县级终端，国、省、市、县四级相互衔接、规范统一的预警信息发布业务基本形成。建成了7.8万个气象信息站，覆盖93.6%的乡镇。

气象部门更注重农村气象防灾减灾组织体系建设。共有2167个县成立气象防灾减灾或气象为农服务机构，气象信息员达70.8万名，行政村覆盖率99.7%，县、乡、村三级气象防灾减灾组织管理体系基本形成。2018个县出台气象灾害防御规划，横向到边、纵向到底的基层气象灾害应急预案体系基本形成。

农村防灾减灾，为守护“乡村”这一防灾减灾敏感脆弱的“神经末梢”提供新保障。

第七节　守护共和国的精彩

重大活动气象服务是针对在国内举办的各类国际性、全国性重大政治、经济和文化体育活动所开展的气象保障服务。随着我国经济快速发展和国际地位的不断提高，各类国际、国内的重大政治、经济和文化体育活动越来越多，通常具有规模大、级别高、影响大等特点，对气象预报的针对性、准确性、精细化以及气象信息传播的及时性提出了更高要求。

梦圆百年奥运气象服务保障

2008年8月8日晚，展现在世人面前的北京奥运会开幕式堪称“完美”。

天气气候条件，历来都是奥运会等重大活动开闭幕式能否成功的关键性影响因素之一。北京奥运会期间的多变天气加上奥运会特殊的服务需求，使北京奥运会的气象服务与往届奥运会相比要求更高。北京复杂的天气形势一直是党中央、国务院心中最担心的问题之一，为了这个美好的夜晚，中国气象部门举全国之智，付出全部努力。

自7月20日开始，北京奥运气象服务中心制作开幕式气象服务信息，每天发往奥组委主运行中心、奥组委竞赛指挥中心、开闭幕式运营中心、奥组委竞赛指挥中心在国家体育场的现场组。

进入8月，从新疆缓慢向华北地区推进的冷空气、久久盘踞在渤海湾的副热带高压系统、刚刚登陆我国东南沿海的强热带风暴“北冕”，共同构成了影响我国的三大系统，8月上旬正是北京的雨季，再加之北京地区地形复杂、天气多变等客观原因，开幕式期间的天气形势变得异常复杂。

在开幕式的前一周、前五天，前三天、前一天，影响北京的天气系统不甚明朗，西北云系、副高边缘的暖湿气流、台风等都有可能影响开幕式当天的天气。是晴是雨、下多大雨、什么时候下，对于向天空开放的鸟巢来说，都是严峻的考验。除了降雨，高温、风、雾等，每一个微妙的天气变化，都有可能使开幕式效果受到影响。

随着开幕式日益临近，中央气象台、北京市气象台会商加密程度更是空前。每天的7时20分、8时、8时30分、9时20分、15时20分，成了中国气象局领导日程安排中的固定时间。

天气形势的异常复杂引起了党中央、国务院，北京市委、市政府，中国气象局领导的高度重视。从一周前分析出奥运开幕式前后天气形势复杂后，北京市委常委牛有成几乎将办公室搬到了北京奥运气象服务中心，每天都在现场密切监视天气变化。

8月8日，立秋后第二天。京城天气仍有些闷热，由于空气湿度大，低层大气中水分饱和度高，一大早，轻雾笼罩了部分地区。

7时20分，在河套地区形成的降雨云系不断加强，并向北京进发，气象部门开始严密监测这个云系。云系走得快一点、慢一点、加强一点，都有可能对开幕式造成不同影响。

9时，奥运气象服务网站发布天气实况为：鸟巢温度31.1 ℃，相对湿度68%，风向东南偏南，风速1.30米/秒。

13时，雷达探测到北京西面有回波生成。

14时15分，北京市人工影响天气办公室向北京、天津、河北所属各人工影响天气作业分指挥中心发布了地面火箭人工消雨实战保障指令，作业人员在各自作业区严阵以待。14时45分至16时25分，两架飞机执行对空中云物理探测，另两架飞机分别在北京西北部和西部上游地区，针对降雨云层进行消减雨播撒催化剂作业。

多年来，气象部门尽最大的努力，破解奥运期间的气象难题，三个亮点引起社会关注。一是北京城区每隔5千米、郊区每隔10千米就有一个自动气象站，覆盖了奥运主要场馆，提供奥运场馆逐3小时预报；二是开幕式鸟巢上空云图十五分钟更新一次；三是被专家和媒体多次提及的人工影响天气。

气象部门用卫星和天气雷达密切跟踪降雨云团的变化。16时，北京市人工影响天气指挥中心组织火箭从西线拦截。16时8分至16时18分，在门头沟和张家口的12个作业点，第一轮作业共发射火箭60枚。

20时，降雨云系开始从东北和西南影响北京郊区，并继续向城区“合围”，此时离城区最近的五棵松地区已降雨0.9毫米。

20时40分，海淀部分地区开始下雨，降雨云系将迅速向鸟巢逼近，情况十分紧急。人影指挥中心当即决定对这个区域加大作业力度。

指挥室里，呼叫器不断响起各人工影响天气作业点发回的信息：“火箭发射作业完毕。”“某某区县雨停了。”……

21时，南北回波即将连接，人影指挥中心迅速组织作业，成功地阻止了南北回波的连接，并使得云系减弱。北京市人工影响天气办公室通过电话紧急调配，指挥就近从弹药库调集火箭弹到作业点，同时要求从作业完毕剩余火箭弹的作业点就近支援其余点。

呼叫、联络、回复，又一轮超强的消雨作业完毕后，卫星云图显示，雷电回波正在逐渐减弱，此时已是22时42分。气象专家判断，开幕式结束前，鸟巢将不会下雨。

在国家体育场鸟巢，气象专家们监测每半个小时将资料传回北京奥运气象服务中心会商室，利用北京奥运气象服务中心与现场的专线，调用开幕式预报服务产品和相关气象监测信息，向开幕式运营中心和场馆运行的决策部门的领导报告天气情况，对气象监测、预报和气象风险预警信息进行解释、提供咨询。

而国家体育场外，气象应急指挥车、城市边界层探测车紧张运转工作。早早地驻守在国家大剧院旁的环境气象监测车，为各国元首出席奥运会开幕式相关活动提供服务；灵山上的移动天气雷达为人工消云减雨进行着实时监测。

直到开幕式结束，国家体育场鸟巢滴雨未下。

气象综合探测系统、气象信息网络系统、预报预测系统和气象服务系统四大功能系统，一刻不停地在紧张高效运转，为开幕式提供精细服务增加了“底气”。

为了确保雷达的稳定运行，探测中心和厂家组成的工作组驻守现场，参与雷达观测和技术保障，还采取了将移动指挥车调集上来的双保险措施。

齐上阵的还有中国气象卫星家族成员。风云二号C星、D星两颗“姊妹星”“双星观测、互为备份”，在我国上空3.6万千米的高度上静观天气变化；而风云一号D星和风云三号A星则围绕地球南北两极不断运转，对天气进行全球、全天候、三维和定量化探测。一动一静的配合，让奥运期间的风云变化全都落入卫星敏锐的监视范围内。

为做好奥运会气象服务工作，北京建成了具有城市特色的高时空分辨率综合气象观测系统，由186个多要素自动气象站、18个道面自动站、28个GPS/MET和5部多普勒天气雷达、7部用于雷电监测的闪电定位仪、3部风廓线雷达构成，覆盖北京市城郊及周边地区。自动气象站平均分布城区为5千米一个，京郊为10～15千米一个。这些自动站能提供包括奥运场馆在内的城区气象监测信息，并实现了自动气象站数据的实时更新；构建了面向奥运气象服务应用层面的主要业务系统平台。包括分辨率为3千米的数值预报模式、能够逐三小时快速更新的分析预报系统和短时预报及临近预报等业务系统；建成了集预报产品汇集与分类、加工与包装、服务产品生成与分发等功能为一体的奥运气象服务系统；快速实现探测资料收集与处理、支撑精细预报服务的通信网络与计算环境；与奥组委和城市运行指挥需求对接的通信系统和移动气象服务车，以及由电视、广播、报纸、互联网、电子显示屏、手机短信等多种社会公共媒质，和电话、电台、电子显示屏、预警塔、专业网及信息系统构成的公共气象服务平台。

开幕式是对奥运会的集中考验，更是对气象保障的集中考验。在这次严峻的考验中，气象人交了完美的答卷。

G20杭州峰会气象服务保障

G20杭州峰会于2016年9月4—5日在中国杭州召开。

中国气象局党组高度重视G20杭州峰会气象保障服务，2016年初成立G20杭州峰会气象服务领导小组，编制气象服务保障方案，多次协调、部署、检查、统筹、组织，多位中国气象局领导先后赴杭州检查指导服务保障的筹备和实战演练。中国气象局从8月30日起进入G20杭州峰会气象保障服务特别工作状态，浙江省气象局更是在8月初就进入G20杭州峰会气象保障服务的实战状态，各相关单位主要领导坚持值班值守，靠前指挥，组织峰会气象保障服务工作，形成峰会气象保障服务的强大合力。中央气象台等国家级业务中心和上海、江苏、安徽等省（直辖市）气象部门在观测、预报、数值预报指导产品、服务等方面给予有力支持，选派优秀预报员前往杭州一线驰援气象保障服务，组建专门队伍，认真分析，参加会商，贡献智慧和力量。中国科学院大气所、北京大学、南京大学、南京信息工程大学等院校大力协作，给予多方面支持。

气象现代化建设成果在G20杭州峰会气象保障服务中充分“亮剑”。G20杭州峰会期间，气象部门利用风云卫星、高分卫星、多普勒雷达、风廓线仪等进行精细化立体加密观测，提供区域中尺度模式快速同化更新与1千米分辨的精细化数值预报，基于移动互联的手机APP进行精细定位服务，有效提升了气象监测预报的定量化、客观化、精准化水平，成为支撑G20杭州峰会气象保障服务的基础，展示了全国气象现代化成果和水平。承担峰会一线保障任务的杭州，作为全国副省级城市气象现代化试点单位，强化业务现代化，汇集近年来全国重大活动气象服务成果和经验，形成了独具特色、服务G20杭州峰会的先进的气象业务服务系统，也大大促进了气象现代化水平的提升。

庆祝中华人民共和国成立70周年活动气象服务保障

2019年10月1日6时30分，天空还不太亮。庆祝活动气象服务指挥部位于北京市气象局办公楼的10层，有人透过窗户探究着天空的“脸色”。庆祝活动内容丰富，装备设施多，科技含量高，对天气的敏感性更强。即便是小雨也可能影响电子设备运行，过去重大活动保障服务中6级风不算事儿，现在却可能影响重大。

高光时刻、万众瞩目，庆祝活动只有短短一天，而气象服务的周期却很漫长。3月，气象部门组织专家分析了最近30年9月25日至10月5日的气象风险，重点评估降水、大风、高温直晒、雷电、低温等几类高影响天气的风险值。此外，气象部门还提前完成了庆祝活动气象灾害风险评估与管控、天气风险对各行业影响等决策材料，协助各指挥部做好高影响天气风险应对及控制预案。

8月26日，来自国家级业务科研单位和京津冀气象部门的24名优秀首席专家组成超强预报阵容，集结于北京市气象局，参加各类会商和保障服务。为了更准确了解天安门周边的观测环境，预报员们还几次组团去天安门现场察看。这支“最强大脑”的“助手”也不可小觑，它们就是稳定可靠的数值天气预报产品、大数据分析等最新科技成果。气象部门针对天安门地区专项研发了10米分辨率地面风实况分析产品，和未来12小时云量、云高、能见度、垂直风等要素的模式支撑产品。北京市气象局“睿图”数值预报模式3小时循环预报系统可提供1千米分辨率实况分析产品，以及0～72小时3千米分辨率的10米风、气温、降水、形势场等客观要素预报产品。针对临时大型构建物和烟花燃放需求，该模式可开展50～200米高层的风向风速预报。

进入9月，活动筹备节奏逐渐加快。在三次活动演练过程中，气象部门不仅顺利完成演练保障，更注重发现问题、抠细节，将问题解决在“萌芽”中。9月25日之后，天气形势渐渐明朗，出现降水的可能性被排除。但新的问题出现了：会不会出现高温直晒？尤其考虑到现场观礼和群众游行方阵中有不少年迈者和少年儿童，更需要人性化服务。

迎难而上，用行动寻找破解之道。在南郊观象台，北京市气象探测中心拿出“较真儿”精神，从9月24日开展百叶箱气温、室外暴晒下塑料椅面温度、假发温度、柏油马路温度的对比观测试验，只为让体感温度预报更贴近人的实际感受。预报员到太阳底下亲身感受“烤验”，反复揣摩气温与体感温度的差异。对自己“严苛”，对公众“体贴”，换来了专业且极富人情味的预报。

9月30日7时30分，中央气象台座无虚席，视频会商连接起各地预报服务首席专家。

“明天上午天气会比今天好，尤其在11时之后，能见度可到10千米以上。”中央气象台首席预报员的观点，得到一致认同。在一次次思想碰撞、滚动式预报中，服务也趋于精细。“紫外线强，长时间阳光暴晒下易引发灼热等不适感。”“人群聚集处体感温度会偏高2～4 ℃。”朴实的提醒，凝聚着匠心，传递出无微不至的体贴与关怀。

10月1日11时许，空中梯队在天空划出清晰而绚丽的彩烟。同一时刻的气象服务指挥部，坚守一夜的气象人会心而笑。从北京到各地，气象工作者共同奋战在保障服务战线上。在天气会商室里、在现场应急指挥车中、在数据大屏前、在设备保障一线，气象工作者以优质气象保障服务的实际行动，接受着党和人民的检阅。

70年前的这一天，新中国第一批气象预报员守护开国大典精彩呈现。70年后，后辈们面对更加精细的服务需求，凭借“准确、及时、创新、奉献”的气象精神，同样交出了无愧于使命的答卷。

2020珠峰高程测量登山队成功登顶气象服务保障

2020年5月27日11时，2020珠峰高程测量登山队（以下简称登山队）传来令人振奋的消息。时值人类首次从北坡成功登顶珠峰60周年，五星红旗再次飘扬于世界之巅！这里将诞生一个新的“中国高度”。

历时20余天，跨越行进6个营地，3次尝试冲顶，克服超高海拔环境下的极端低温、狂风、暴雪……这场攀登，不仅是对身体极限的挑战，更是人类与天气等未知风险的智慧较量。

登顶时刻，在珠峰大本营欢呼的人群中，来自气象部门的两名首席预报员并不显眼。但2020珠峰测量登山前线指挥部总指挥王勇峰却认为："气象保障就是冲顶阶段最大的保障，精准的每3小时预报为成功冲顶提供了必要条件！"

登山队5月6日首次从大本营出发，计划12日冲顶。然而，9日一早，向导和运输队攀爬北坳冰壁时遭遇降雪，面临流雪、雪崩风险，只得将首次冲顶行动取消。5月21日，突如其来的气旋风暴"安攀"给珠峰带来降雪，高海拔地区雪深超过1米。原定22日的第二次冲顶，再次搁浅。

两次冲顶的"天气窗口"就这样关闭了。而一旦进入6月，季风将越来越活跃，珠峰一年之中最佳的登山季也将随之结束。还会有第三个"窗口期"吗？一封紧急求援信传至西藏自治区气象局。

5月23日14时，成功登顶前93小时。一辆特种车驶进海拔5200米的珠峰大本营，车身上"气象应急指挥"的字样让人眼前一亮。在登山队第三次冲顶前夕，西藏自治区气象局专业人员的进驻，给登山队带来极大信心。第一次现场气象会商在应急车里举行，车载X波段雷达密切关注珠峰云系，在中央气象台珠峰区域气象要素集合预报指导产品、风云四号气象卫星产品等资料支撑下，首份逐3小时的登山气象预报出炉。

5月24日，登山队再次从前进营地出发冲顶，选择27日为最后的"窗口期"，因为有气象专业力量的加入，他们觉得更有底气了。

5月25日早上8时，成功登顶前51小时。一份来自定日县气象局的高空探测数据，让不少人捏了一把汗：珠峰海拔8000米左右风速达31米/秒。这远远超出了登山的安全区间，当风速大于20米/秒时，没有任何一个登山队能在狂风里挑战珠峰。

珠峰地区海拔高、地形复杂，天气变化非常快，尤其是风，在一天内常出现"小时级"变化。珠峰海拔5200米上不具备布设气象监测站的自然条件，驻守定日县的气象探测保障服务队每日采集的海拔6000米、7000米、8000米及9000米高空气象数据，成为现场预报服务的最直接依据。队员们艰难穿越"大风口"行进至7790米营地后，在大风中花了一个小时也没能把帐篷搭起来，只能抱着石头趴下避风。是坚持，还是下撤？

一切都取决于大风未来如何发展。

参考中央气象台指导预报，加密会商分析环流形势，申请加密释放探空气球……气象部门前后方紧密联动提供数据支撑，预报服务团队判断：26日夜间，风力减弱。这意味着，大风最终会在计划冲顶的27日凌晨之前“让路”。指挥部和登山队决定咬牙坚持。

5月27日凌晨2时，成功登顶前9小时。8名突击队员和摄像团队开始冲顶。在珠峰大本营的指挥部帐篷里，人们屏息凝神，听着步话机两端的通话。

“8300米天气怎么样？”宣布冲顶时，王勇峰最挂心的仍是天气。

“有风吹雪，但风不是很大。”听到前方的回应，挨坐在王勇峰身边的西藏自治区气象局首席预报员罗布坚参松了口气。

风吹雪会影响冲顶和下撤吗？就在半个小时前，罗布坚参向指挥部通报了降雪减弱时段。尽管天气条件不很理想，但短暂的“天气窗口”已然打开。

在珠峰的星空下，人们一夜无眠。逐3小时的登山气象预报，在指挥部里被传阅；步话机每一次传回前方动态，都牵动人心。

最终，登顶用时比预计的多了3个小时。

几乎在宣布登顶成功的同一时刻，在定日县气象局，当天第三个白色探空气球升入高空。对于高空探测气象保障服务团队成员次旦桑珠及其同事来说，等待已久的“紧张时刻”才刚刚开始：他们将每两个小时一次加密施放气球，为珠峰高程测量的结果修正提供气象参考。

中国人攀登珠峰的60年，也是气象保障服务攀登者的60年。一代代气象人在珠峰大本营里，付出心血，流下眼泪。每次牵挂，都关乎生命安危；每次审视，都事关国之尊严。

瀚海撷英篇

军委气象局

1949.12—1953.07

建制　军队建制

隶属　中央人民政府人民革命军事委员会

中央气象局

1953.08—1969.11

建制　政府建制

隶属　政务院（国务院）

1969.12—1973.03

建制　军队建制

隶属　总参谋部

1973.04—1982.03

建制　政府建制

隶属　国务院

国家气象局

1982.04—1993.05

建制　政府建制

隶属　国务院

中国气象局

1993.06至今

建制　政府建制

隶属　国务院

双重领导管理体制

国务院

中国气象局

省（自治区、直辖市）人民政府

直属单位

省（自治区、直辖市）气象局

直属单位

市（地、州、盟）人民政府

市（地、州、盟）气象局

直属单位

县（区、市、旗）人民政府

县（区、市、旗）气象局

直属单位

第一节　依法护航大国气象

新中国成立70多年来，气象法治建设实现从无到有、从点到面、从分散单一到体系完备的巨大跨越。气象法治基本格局已经形成，尊法学法守法用法意识明显提升，气象法律法规实施与监督的良好氛围形成，法治环境明显改善，为气象事业改革发展提供了坚实法治保障。

体系逐步完备 根基得以夯实

1950年9月，军委气象局发出《关于加强气象工作的通知》。军委总参谋部、军委气象局（中央气象局）先后制定、实施了《灾害性天气警报发布暂行办法》等管理制度，逐步建立起部门内管理制度。

1959年7月，国务院发出《关于加强气象工作的通知》。随后，中央气象局与有关部门联合或者单独发布《关于交接民航气象工作的联合通知》《中央与地方关于气象工作的体制分工的通知》等规范性文件，推动气象业务工作步入正轨。

1978年，党的十一届三中全会胜利召开，气象法治建设步入稳步发展阶段。1977—1993年，国务院或经国务院批准以气象部门名义发布《国务院批准中央气象局关于保护气象台站观测环境的通知》《人工影响天气工作管理试行办法》等规范性文件。

1992年7月，气象主管机构的第一个部门规章《发布天气预报管理暂行办法》正式发布，标志着我国气象法治建设从规范部门内部管理步入规范全社会的依法管理。

1994年8月，我国第一部气象行政法规《中华人民共和国气象条例》正式颁布实施，标志着我国气象法治建设步入逐步完善阶段。

1996年，中国气象局制定《气象部门“九五”立法规划》，我国气象立法工作有序推进。

在经过长达10年的酝酿后，气象法治建设的历史永远铭记下了这一幕——1999年10月31日，第九届全国人大常委会审议通过我国第一部气象法律《中华人民共和国气象法》（以下简称《气象法》）。气象事业依法发展的坚实基石由此奠定。

法治格局形成 观念深入人心

截至2019年底，我国已经颁布实施气象法律1部、行政法规3部、部门规章34部（现行有效19部）、地方性法规111部、地方政府规章133部。以《气象法》为主体，由若干气象行政法规、部门规章、地方性法规和气象标准及国际气象公约构成的相互联系、相互补充、协调一致的气象法律法规体系已经形成，为依法规范气象活动、依法管理气象工作、依法发展气象事业，筑牢了坚实的法治根基。

气象标准化体系也日趋完善。从1954年2月，中央气象局颁布我国第一部气象业务技术规范——《气象观测暂行规范》，到目前为止，我国已发布实施气象国家标准187项、行业标准515项、地方标准570多项、团体标准13项，全国成立13个全国标准化技术委员会和分技术委员会、1个行业标准化技术委员会及20个地方气象标准化技术委员会，以国家标准和行业标准为主体，地方标准、企业标准和团体标准为补充的气象标准体系已经形成，为气象事业发展和气象现代化建设提供了重要支撑。

中国气象局加大法治宣传教育工作力度，弘扬社会主义法治，增强气象部门厉行法治的积极性和主动性。气象部门及各级人大、政府不断加大气象法律法规监督检查力度，特别是2013年《气象法》列入全国人大常委会执法检查项目之后，各级地方加大《气象法》及其配套的法规贯彻实施力度，全民气象律法意识得到进一步强化。

气象法治建设的脚步没有停歇。中国气象局分别于2009年、2014年、2016年和2017年，全力配合全国人大和国务院法制办，先后完成《气象法》《气象设施和气象探测环境保护条例》和《气象灾害防御条例》有关条款的修订工作，全面贯彻落实国务院“简政放权、放管结合、优化服务”的改革精神，确保依法发展气象事业。

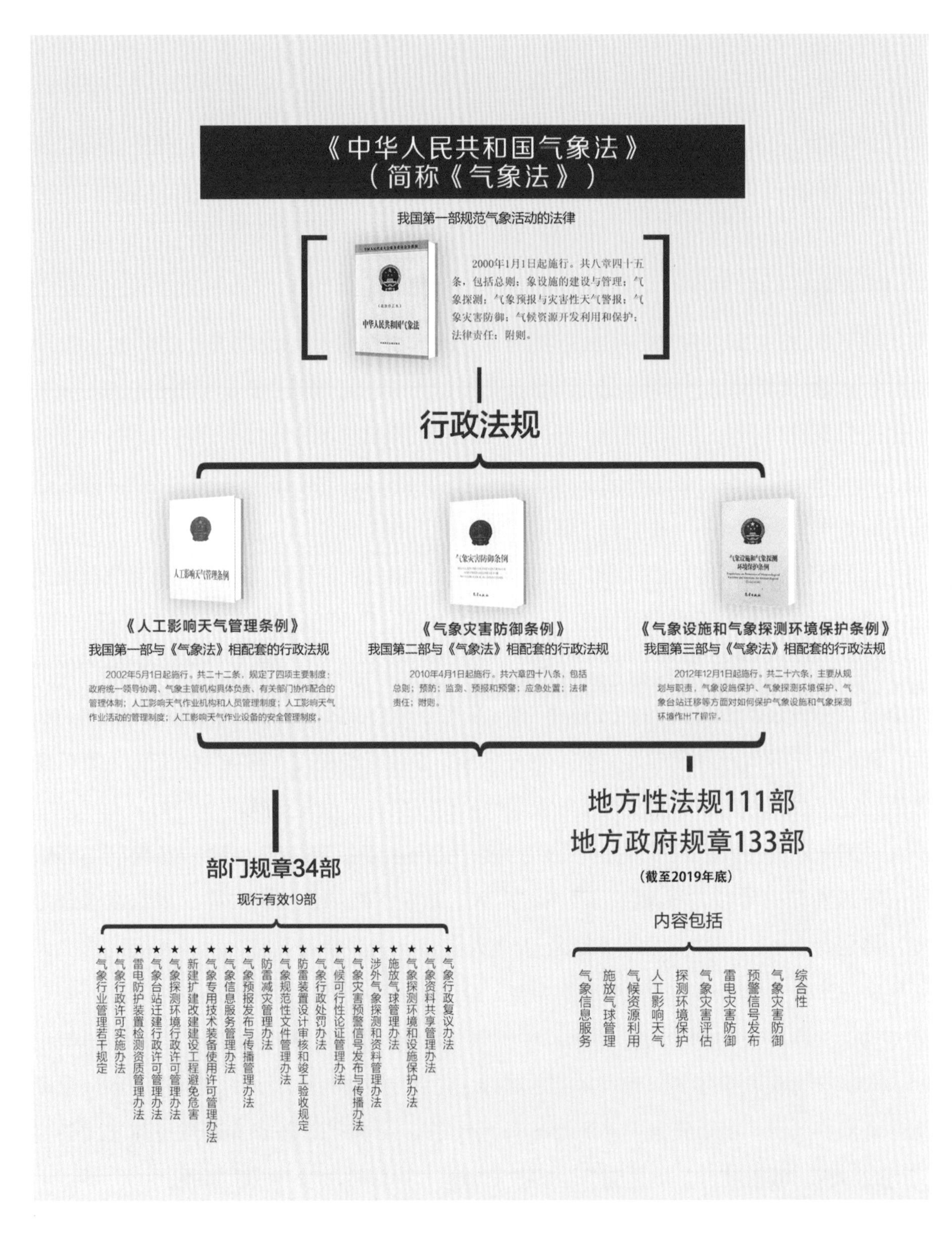
《中华人民共和国气象法》
（简称《气象法》）
我国第一部规范气象活动的法律
中华人民共和国气象法
2000年1月1日起施行。共八章四十五条，包括总则；象设施的建设与管理；气象探测；气象预报与灾害性天气警报；气象灾害防御；气候资源开发利用和保护；法律责任；附则。
行政法规
人工影响天气管理条例
气象灾害防御条例
气象设施和气象探测环境保护条例
《人工影响天气管理条例》
我国第一部与《气象法》相配套的行政法规
2002年5月1日起施行。共二十二条，规定了四项主要制度：政府统一领导协调、气象主管机构具体负责、有关部门协作配合的管理体制；人工影响天气作业机构和人员管理制度；人工影响天气作业活动的管理制度；人工影响天气作业设备的安全管理制度。
《气象灾害防御条例》
我国第二部与《气象法》相配套的行政法规
2010年4月1日起施行。共六章四十八条，包括总则；预防；监测、预报和预警；应急处置；法律责任；附则。
《气象设施和气象探测环境保护条例》
我国第三部与《气象法》相配套的行政法规
2012年12月1日起施行。共二十六条，主要从规划与职责，气象设施保护、气象探测环境保护、气象台站迁移等方面对如何保护气象设施和气象探测环境作出了规定。
部门规章34部
现行有效19部
★气象行业管理若干规定
★气象行政许可实施办法
★雷电防护装置检测资质管理办法
★气象台站迁建行政许可管理办法
★气象探测环境行政许可管理办法
★新建扩建改建建设工程避免危害
★气象专用技术装备使用许可管理办法
★气象信息服务管理办法
★气象预报发布与传播管理办法
★防雷减灾管理办法
★气象规范性文件管理办法
★防雷装置设计审核和竣工验收规定
★气象行政处罚办法
★气候可行性论证管理办法
★气象灾害预警信号发布与传播办法
★涉外气象探测和资料管理办法
★施放气球管理办法
★气象探测环境和设施保护办法
★气象资料共享管理办法
★气象行政复议办法
地方性法规111部
地方政府规章133部
（截至2019年底）
内容包括
气象信息服务
施放气球管理
气候资源利用
人工影响天气
探测环境保护
气象灾害评估
雷电灾害防御
预警信号发布
气象灾害防御
综合性

气象法治融入国家法治建设大局

依法行政是依法治国基本方略的重要组成部分，中国气象局高度重视依法行政工作，坚持把依法行政作为具有全局性、战略性的重要工作认真落实。《中国气象局全面推进依法行政工作的实施意见》《中国气象局实施〈全面推进依法行政实施纲要〉细则》等出台。全国31个省（自治区、直辖市）气象局和大多数地市级气象局均建立了法律顾问制度，12个省（自治区、直辖市）气象局建立公职律师制度。气象行政审批制度改革稳步推进，国家、省、市、县四级行政许可事项可网上办理，31个省（自治区、直辖市）气象局全部实现审批事项进驻大厅（窗口）办理。

气象法制工作机构实现省级全覆盖，建立了一支思想政治素质好、业务工作能力强、职业道德水准高的气象法治工作队伍，气象执法力度明显加大。

为建立公平、开放、透明的气象服务市场规则，中国气象局出台了《气象信息服务企业备案管理办法》和《气象预报传播质量评价管理办法》等办法，鼓励和支持气象信息产业发展。

70多年的实践证明，推进气象法治建设是落实依法治国基本方略、建设法治中国的必然要求，是保障和推动气象事业全面协调可持续发展的必然要求，是全面履行气象职责的必然要求，是全面加强依法管理的必然要求。70多年来，气象法治建设始终在党的引领下，步伐踏实有力，向着中国特色社会主义法治体系的总体要求和实现气象现代化的目标任务砥砺前行。

【小百科：《气象法》是如何诞生的？】

改革开放之初，随着国家经济社会快速发展，气象事业发展也迎来“新课题”：政府和社会各界对气象服务的需求越来越大，气象服务范围越来越广，气象社会管理职能越来越多，制约气象事业发展的问题也日益显现。

在这关键时刻，气象事业的发展，必须要有一部法律来进行规范！

随后，气象部门围绕《气象法》制定开展一系列调研论证和文本起草，并于1989年形成《气象法（征求意见稿）》报送原国务院法制局听取意见。结合当时我国气象法治体系现状，制定了“两步走”计划，即先制定《中华人民共和国气象条例》，实施一段时间后，再将其上升为《气象法》。

历经5年，条例于1994年7月4日经国务院第22次常务会议审议通过，成为我国第一部综合性气象行政法规。次年启动了《气象法》立法调研和法律文本起草工作，最终于1998年11月5日将《气象法（送审稿）》上报至国务院审议。1999年5月18日，经国务院第17次常务会议原则通过后，提交全国人大常委会审议。

1999年10月31日，第九届全国人民代表大会常务委员会第十二次会议审议通过《气象法》，我国气象事业正式步入依法发展的崭新阶段。

第二节 不拘一格招贤纳士

人才是事业发展的基础，是事业成败的关键。新中国气象事业发展史，由一代代气象工作者用担当和热血谱写，也是一部气象人的光辉奋斗史。

夯基铸本 教育为先

“祖国已经统一，气象事业将大发展，盼尽快回国……”

1949年底，一封信让身在美国的叶笃正、谢义炳心如潮涌。他们婉辞西方师友的挽留，积极准备回国，投身新中国气象事业建设。

这封信，是时任军委气象局局长涂长望先生，同赵九章先生一起写的。新中国成立初期，干部人才极端缺乏，成为气象事业起步面临的主要困难。号召海外留学人员回国工作，是解决气象人才不足问题的途径之一。

除了叶笃正和谢义炳以外，收到这份“号召书”的还有当时身居海外的顾震潮、郭晓岚、朱和周等。在祖国的感召下，叶笃正、谢义炳、朱和周先后从美国分别回到中国科学院地球物理研究所、北京大学物理系和军委气象局工作。顾震潮则放弃了即将获得的博士学位和进一步深造的机会，从瑞典回到祖国。彼时的中国气象事业，可谓“大家云集”。

气象工作是全国一盘棋的大团队事业，需要大量观测人员、预报人员及各种气象仪器保养人员，也需要一大批德才兼备的基层台站领导干部。新中国成立前，全国只有中央大学（南京大学前身）、清华大学和浙江大学等少数院校设置气象专业，每年招收学生数量很少，难以满足新中国气象事业发展对人才的需求。

破题之法，便是培训和教育。军委气象局通过提请调配干部、举办培训班等途径，先后在南京、北京、成都、长春、兰州等地举办气象干部培训班，大规模培训气象专业技术人员。1950—1956年，全国气象部门通过短期训练，共培养初级气象技术人员1万多人，基本满足了当时台站网建设需要。这些培训班，有的由各大军区气象处自办，有的与清华大学、中国科学院合办，涂长望、谢义炳、顾震潮、陶诗言、谢光道、曾广琼等亲自授课。此外，我国还与其他社会主义国家开展双边科技合作，派遣留学生前往苏联学习。

高等教育，则解决了气象人才的“前端”问题。从1952年全国高等院校院系调整开始，北京大学等综合性大学先后设立了气象专业。1952年12月，北京气象专科学校在原军委气象局气象干部学校的基础上成立。1955年，经国务院主管部门批准，北京、成都、湛江气象学校先后建立。1960年，在南京大学气象系基础上，扩建为南京大学气象学院，开办了研究生班；同年，涂长望在重病中筹建南京气象学院，1963年正式建成，也就是现在的南京信息工程大学。

至1966年，气象院校培养中专生约两万人，大学本科生2000余人，大专和中专文化程度的人员占队伍总量的35%，业务技术水平较新中国成立初期有了较大提高。

万象更新 人才兴业

气象部门以1980年进行的管理体制改革为契机，在领导班子、人才队伍建设及教育培训等多方面深入探索改革，按照德才兼备的原则选人用人，破除论资排辈观念，从高校、各级气象部门甚至世界气象组织选拔了一批年富力强、具有深厚气象业务科研背景、善于管理的优秀干部充实到各级领导岗位。

大力发展教育，是长远改善气象人才结构的关键环节。1978年2月，国务院批准南京气象学院列入全国重点高等院校，同年教育部批准成都气象学校扩建为成都气象学院，恢复北京气象专科学校及一批中等气象学校。各省（自治区、直辖市）气象局也纷纷恢复、新建中专气象学校，北京气象专科学校扩建为北京气象学院。同时，其他部属和省属高等院校的气象类专业都有了较大发展。1978年国家恢复培养研究生制度后，高校陆续获得硕士、博士学位授予权，开始招收研究生。到1999年，气象部门具有本科以上学历人数比例为19.2%，比改革开放初期的1983年提高了10.1个百分点。

伴随着开放的脚步，气象部门加强高层次人才引进，周秀骥、丁一汇、丑纪范、颜宏等一批至今仍耕耘在气象领域的专家院士，先后来到气象部门工作。我国气象事业不断与世界接轨，业务科研骨干得到更多出国留学、培训的机会，有的到日本学习计算机网络，有的到欧洲学习数值预报，有的到美国学习气象卫星技术，形成了“一人出国，多人受益；一团出国，全国受益”的局面。

进入21世纪，气象部门坚持党管人才原则，强化党管人才措施，全面实施人才强局战略，采取了加快选拔、培养、引进优秀人才的一系列措施，大力实施“323”人才工程、“双百计划”“青年英才培养计划”等重大人才工程，突出高层次人才的培养、选拔和使用，积极开展大规模领导干部培训和新技术、新方法培训，着力提高气象人才队伍整体素质，加快气象人才体系建设。《中国气象局党组关于进一步加强党管人才工作的意见》《中国气象局关于加强气象人才体系建设的意见》《气象部门人才发展规划（2013—2020）》等一系列顶层设计和相应的人才管理、岗位管理等实施办法先后出台，在不同年代发挥重要作用。

截至2019年，全国气象部门本科以上学历占比84.5%，具有硕博士学位人员占21.6%，人才队伍知识结构明显改善。气象专家叶笃正、秦大河、曾庆存先后获得国际气象组织奖，叶笃正、曾庆存院士分别荣获2015年度和2019年度国家最高科学技术奖。全国气象部门有两院院士9人；入选国家人才工程（奖励或项目）人选近130人。气象部门重点人才计划人选140余人；气象部门青年英才约60人。在国家气象科技创新工程三大核心技术领域和台风暴雨强对流天气预报、地面观测自动化、气象卫星资料应用新技术研究与开发等气象事业发展重点领域、急需领域，组建了多支不同层级的创新团队。3个重点领域创新团队获得国家科技计划支持或表彰。拥有国家“创新人才培养示范基地”“海外高层次人才创新创业基地”“国际科技合作基地”。此外，入选地方和领域人才工程的高层次专家累计150余人。

解放人才 解放生产力

党的十八大以来，中国气象局党组深入学习贯彻习近平总书记关于人才工作的重要论述，积极推进人事人才各项工作。

2019年，中国气象局党组出台《新时代气象高层次科技创新人才计划实施办法》。

该计划是在统筹优化气象部门原有人才计划的基础上，强化新时代气象高层次科技创新人才队伍建设的重大顶层设计。

埋下人才培养的“种子”，也需要不断优化人才成长成才环境的“土壤”。2017年，《中共中国气象局党组关于增强气象人才科技创新活力的若干意见》出台，从顶层设计上明确了深化气象人才发展体制机制改革、发挥科研项目资金的激励引导作用、促进气象科技成果转化应用、完善事业单位收入分配激励机制、完善气象科技创新开放合作机制、健全人才发展和科技创新保障机制等举措。2019年10月又印发了《中共中国气象局党组关于进一步激励气象科技人才创新发展的若干措施》，从人才发现、培养、使用、评价、激励等全链条，全方位打造激励气象人才干事创业良好环境。

不仅如此，从2017年以来，气象部门持续深化职称制度改革、事业单位专业技术二级岗位管理改革，出台《中国气象局气象科技骨干人才出国访问进修管理实施办法》《2019—2023年全国气象部门干部培训教育培训规划》等十余项人事人才政策文件，在进一步强化党管人才、夯实人才基础性作用上体现了新担当、展现了新作为。

70多年来，中国气象局党组在人才领域的深耕厚植，锻造了一支爱国奉献、爱岗敬业、专业素质不断优化的气象人才队伍，为全面推进气象现代化提供了强大的人才和智力支撑。在气象强国建设的征程中，这支队伍在党的领导下，不断成长、壮大，为服务保障国家重大战略和气象事业高质量发展勇攀高峰，再攀高峰。

【策展手记：涂长望写给顾震潮的信】

展馆里陈列了一封涂长望局长写给顾震潮先生的信。最初是在一本纪念顾震潮先生的文集上看到了这封他盼归国建设气象事业的信，几经尝试联系上顾先生的女儿顾汛老师。顾汛老师一直珍藏着这封信，我们想借原件复制放于展馆中，顾老师欣然应允。与顾老师见面后，她打开对折了两次且略微泛黄的信件。信是这样写的——

震潮兄：国内一切事业都在新基础上重新开始，因此希望国外的许多有新人生观的同志们赶回国内参加奠基的工作，气象方面的建设犹盼你们早日回来参加！所幸的是，大部分的气象工作者是爱祖国的，一部分是前进份子而具有高度的技术，这是开展祖国气象事业最宝贵的财产……我们感觉人才缺乏，特别是仪器方面的，希望你能号召他们早日回国参加建设工作，并与各国有关气象学系、学会、仪器厂、书店取得联系以便于我们收集资料，修理制造气象仪器之基本设备单子请搞一份回来以便作为参考，最后希望你五月底回到北京。此致，敬礼！长望。元月十二日。

最后，顾汛老师把信的原件赠予中国科学院大气物理研究所，展馆按照原件进行1:1复制。展出前，我们特意把信对折了两次，留下痕迹，就像顾汛老师珍藏的那封那样。

中国气象局首席预报员、首席气象服务专家、科技领军人才

第三节　打造中西融合培养的“样板区”

气象事业高速发展离不开对人才的教育培训。气象教育培训工作始终按照“围绕中心，服务大局”的主线，根据气象事业不同发展时期的特点需求，与时俱进、改革创新、教人育才，走出了一条具有中国特色的气象教育培训发展之路。

需求引领　因时求变育人才

1949年12月，因急需大量初级气象人员开展台站建设和气象服务，军委气象局确定了“短期、操练式、与实际结合、大量培训干部”的原则。

1950年4—9月，经军委气象局与中国科学院、清华大学商定，第一期气象观测训练班在清华大学举办。79人参加培训，成为新中国培养的第一批气象观测员。1950年10月至1951年3月，在中央气象台举办了天气预报实习班，学员共39人，这是新中国培养的第一批气象预报人员。从这里开始，气象教育培训渐成星火燎原之势。

1955年，为解决全国气象站网稀缺的问题，培养建站急需的人员，我国第一所气象专业学校——北京气象学校正式成立。这所学校开设气象、高空气象、农业气象三个专业，办学规模为1200人。首批毕业生成为我国气象事业发展中按统一标准集中培训出来的初级气象技术人才。

20世纪80年代，气象部门开办各种高新技术培训班和在职提高班，初步形成了一个多层次、多规格、多形式的承担普通教育与成人教育双重任务的气象教育体系，为改善气象队伍的人才结构提供了保障。

20世纪90年代以后，随着气象人才素质的提高与气象科技的发展，高层次气象继续教育的需求不断增加，培训重点转为高新科技，比如气象卫星综合应用业务系统（9210

工程）培训和持续举办至今的新一代多普勒天气雷达在天气预报中的应用系列培训，有效提高了气象科技人员的业务技术水平。

进入新世纪以来，气象教育培训围绕全面推进气象现代化建设的新需求，逐渐建立以中国气象局气象干部培训学院（中共中国气象局党校）及分院（分校）和省级培训中心为主渠道，相关高等院校、气象部门各业务单位、科研院所等相关社会培训机构及海外培训基地为重要补充，多层次、开放式的气象教育培养体系。

在业务培训中，根据气象预报预测人员的类别、层次和岗位特征，建立了以气象基础知识培训、“新任预报员—普通岗—关键岗—首席岗”预报员岗位培训、高级研讨培训为主的预报预测人员培训系列课程体系，实现了气象专业学历教育与继续教育的衔接。数值预报技术、短时临近预报、气象卫星资料应用、短期气候预测理论和技术等新知识新技术培训，气象灾害预警工程等中国气象局重大工程项目系统培训等专业技术类培训，使各级气象部门业务人员掌握和应用现代气象业务中的新技术、新理论以及新方法的能力不断提升，在气象现代化建设中发挥了重要作用。在领导干部培训中，搭建了以中央党校分校及中央和国家机关党校班型、年轻干部培训班型、干部任职培训班型、集中轮训班型、专题研讨班型、党员基础培训班型等为主体的班型体系，有效落实了中央关于“大规模培训干部、大幅度提高干部素质”的要求。

早在1999年，针对气象领域高新技术推进快和应用广、基层台站高度分散、工学矛盾突出等问题，开放式的气象远程教育培训体系建立起来。2003年，基于气象卫星广播系统的中国气象局远程教育培训直播教学正式开通，标志着具有中国特色的气象远程教育培训从探索走向了实践。2005年，基于互联网的气象远程教育培训平台正式投入使用。经过10多年的努力，具有中国特色的由国家级主站、省级二级站和地县学习点构成的三级气象远程教育培训体系形成。全国气象部门2000多个基层台站5万多名职工可通过远程系统同步在线学习。远程培训覆盖率达100%，支持在线学习人数达6000人，气象职工平均每天约3000人次参加远程学习。

开放体系 固本强源引“活水”

在探索完善新形势下适应气象事业长远发展的气象教育培训体系的同时，气象部门不断创新教育培训合作机制，充分发挥高校和科研院所等社会资源优势，凝聚社会力量共同培育气象人才，形成“开放、互补、共享、共赢”的新局面。

从20世纪50年代开始，气象部门就与中国科学院、北京大学、清华大学等建立了联合工作机构和人员交流机制，开创了“开放、共建、共赢”的先河。2002年以来，中国气象局分别与北京大学、清华大学、南京大学、南京信息工程大学等20多所高校签署了局校战略合作协议，推进气象科技事业的发展和气象人才培养。

2010年以后，局校合作领域更加聚焦，突出学校优势学科及特色，走向服务气象事业的精准化道路。与南京信息工程大学、成都信息工程大学合作开展大气科学基础培训，与中央财经大学、北京外国语大学合作开展计财、英语等领域专题培训，与国家行政学院合作开发“推进生态文明建设与低碳发展研讨班”等培训项目，与北京工业大学合作建设气象虚拟仿真联合实验室。

2015年4月，中国气象局与北京大学、清华大学、南京信息工程大学等20所高校联合发起成立中国气象人才培养联盟，旨在努力培养和造就适应气象现代化需求的高素质人才。2018年，为提升气象教学和气象人才培养质量，《全国气象教学名师遴选办法》出台，面向开设气象类专业的高等院校和气象培训机构开展全国气象教学名师遴选工作。

育人无国界 培训显担当

在全球气象科技快速发展、气象合作日益密切的趋势下，中国气象部门一方面借助美国大学大气研究协会、美国国家大气科学中心、加拿大气象局、荷兰国际航天测量与地球学学院等建立海外人才培训基地；一方面充分发挥世界气象组织（WMO）区域培训中心的平台作用，进一步提升区域培训中心能力。

中国气象部门的国际气象教育培训紧跟世界气象行业的热点问题、重点领域，主动调研培训需求，将培训领域从传统领域拓展至大气探测、天气预报、气候预测、气候变化及气候信息服务、气象防灾减灾、气象信息应急服务、气象行政官员管理等多个领域，其中也包含了WMO教育培训的优先发展领域等。

自1976年起，中国气象局已组织48期多国别考察活动，吸引了全球140多个国家500多名气象部门高级管理和技术人员参加。截至2019年，中国气象局承办的WMO区域培训中心（南京及北京分部）已为4000余名国外学员提供了短期气象预报、卫星应用等领域的国际培训课程。中国气象局承办的区域培训中心已成为WMO各区域培训中心规模最大、最为活跃的成员之一。

【气象人才和科技创新支撑现代化发展】

气象行业所获国家自然科学奖情况：一等奖1个，二等奖18个，具体如下：

获奖年度	成果名称	获奖等级	主要完成人
1987	东亚大气环流	一等奖	叶笃正、陶诗言、朱抱真、陈隆勋
1987	旋转大气运动中的适应过程问题研究	二等奖	曾庆存、叶笃正、李麦村
1987	中国降水过程与湿斜压天气动力学	二等奖	谢义炳等
1995	东亚季风研究	二等奖	陈隆勋、丁一汇、何金海、朱乾根、罗会邦
2000	我国干旱半干旱区十五万年来环境演变的动态过程及发展趋势	二等奖	刘东生、汪品先、刘嘉麒、孙湘君、安芷生
2004	东亚季风气候—生态系统对全球变化的响应	二等奖	符淙斌、季劲钧、温刚、严中伟、延晓冬
2005	气候数值模式、模拟及气候可预报性研究	二等奖	曾庆存、王会军、林朝晖、周广庆、俞永强
2007	海陆气相互作用及其对副热带高压和中国气候的影响	二等奖	吴国雄、刘屹岷、李建平、宇如聪、周天军
2007	中国西北季风边缘区晚第四纪气候与环境变化	二等奖	陈发虎、李吉均、张虎才、方小敏、潘保田
2008	中国第四纪冰川与环境变化研究	二等奖	施雅风、崔之久、李吉均、郑本兴、周尚哲
2008	晚中新世以来东亚季风气候的历史与变率	二等奖	安芷生、周卫健、刘晓东、刘卫国、刘禹
2009	大气颗粒物及其前体物排放与复合污染特征	二等奖	贺克斌、郝吉明、段凤魁、陈泽强、杨复沫
012	黄土和粉尘等气溶胶的理化特征、形成过程与气候环境变化	二等奖	安芷生、张小曳、曹军骥、李顺诚、刘晓东
012	中国大气污染物气溶胶的形成机制及其对城市空气质量的影响	二等奖	庄国顺、郭志刚、黄侃、孙业乐、王瑛
012	过去2000年中国气候变化研究	二等奖	葛全胜、王绍武、邵雪梅、郑景云、杨保
013	沙尘对中国西北干旱气候影响机理的研究	二等奖	黄建平、王式功、王天河、周自江、陈斌
014	二十万年来轨道至年际尺度东亚季风气候变率	二等奖	汪永进、张平中、谭明、刘殿兵、吴江滢
014	青藏高原冰芯高分辨率气候环境记录研究	二等奖	姚檀栋、秦大河、田立德、王宁练、康世昌
014	气候预测的若干新理论与新方法研究	二等奖	王会军、范可、孙建奇、姜大膀、高学杰

气象行业获国家科学技术进步奖情况：一等奖11个，二等奖33个，具体如下：

获奖年度	项目名称	奖励等级
1985	短期数值天气预报业务系统（B）的建立与推广应用	一等奖
1985	计算机自动化系统在气象通讯中的应用	一等奖
1985	1981—1984年间4次大暴雨短期预报的成功和优质服务	一等奖
1985	北方暴雨预报方法及理论研究的推广应用	二等奖
1985	中国科学院万立方米高空科学气球技术系统	二等奖
1987	微波辐射计及其环境遥感应用	一等奖

获奖年度	项目名称	奖励等级
1988	全国农业气候资源和农业气候区划研究	一等奖
1988	714型台风警戒雷达系统	二等奖
1989	NOAA系列气象卫星资料接收处理系统和开发应用服务	一等奖
1989	全国十九省（市、自治区）风能资源详查研究	二等奖
1989	暴雨数值天气预报及其业务应用	二等奖
1990	华北平原作物水分胁迫和干旱	二等奖
1990	我国酸雨的来源影响及其控制对策研究	二等奖
1991	UHF（特高频）多普勒测风雷达系统	二等奖
1991	中国亚热带东部丘陵山区农业气候资源及其合理利用研究	二等奖
1991	北方冬小麦卫星遥感动态监测及估产系统	二等奖
1992	灾害性天气监测和短时预报系统	一等奖
1993	北方层状云人工降水试验研究	二等奖
1995	中国中期数值天气预报业务系统	二等奖
1995	风云一号气象卫星资料接收处理应用系统	二等奖
1997	我国台风、暴雨灾害性天气监测、预报业务系统	二等奖
1998	中国酸沉降及其生态环境影响研究	一等奖
2000	数值气象预报的并行计算技术	二等奖
2001	卫星通信气象综合应用业务系统（“9210”工程）	二等奖
2001	农田温室气体排放过程和观测技术研究	二等奖
2002	防汛抗旱水文气象综合业务系统	二等奖
2003	我国短期气候预测系统的研究	一等奖
2005	全球变化热门话题丛书	二等奖
2006	我国梅雨锋暴雨遥感监测技术与数值预报模式系统	二等奖
2007	风云二号C业务静止气象卫星及地面应用系统	一等奖
2007	中国新一代多尺度气象数值预报系统	二等奖
2008	人工增雨技术研发及集成应用	二等奖
2008	气象防灾减灾电视系列片：《远离灾害》	二等奖
2009	奥运气象保障技术研究及应用	二等奖
2010	中国陆地碳收支评估的生态系统碳通量联网观测与模型模拟系统	二等奖
2011	现代化人机交互气象信息处理和天气预报制作系统	二等奖
2011	陆地生态系统变化观测的关键技术及其系统应用	二等奖
2011	大气环境综合立体监测技术研发、系统应用及设备产业化	二等奖
2011	《防雷避险手册》及《防雷避险常识》挂图	二等奖
2011	中国遥感卫星辐射校正场技术系统	二等奖
2012	ARGO大洋观测与资料同化及其对我国短期气候预测的改进	二等奖
2012	主要农作物遥感监测关键技术研究及业务化应用	二等奖
2013	中国西北干旱气象灾害监测预警及减灾技术	二等奖
2014	农业旱涝灾害遥感监测技术	二等奖

第四节　走向全球携手共赢

伴随历史性跨越，中国与世界关系发生深刻变化。气象部门秉承“相互尊重、公平正义、合作共赢”理念，不断提升国际合作水平，勇担国际义务，树立气象大国形象，展现出更具实力的科技水平和更具成效的新作为。

积极探索 开辟合作新道路

大气无国界。中国气象工作者很早就意识到了国际气象合作的重要性。20世纪30年代至40年代，我国多位著名科学家当选为国际气象组织（世界气象组织前身）各组织机构的委员。到了20世纪50年代至60年代，我国气象部门的国际科技合作主要是学习和借鉴当时苏联的技术经验。20世纪70年代，世界气象组织（WMO）承认中华人民共和国代表为中国唯一合法代表，我国气象部门成为新中国第一批恢复参加联合国专门机构的部门。进入WMO，为我国气象工作打开了一条通向国际的通道，借助它，我们与各国建立了广泛联系。

70多年来，中国气象局深度参与国际气象防灾减灾、公共气象服务、气象资料交换等重要工作，气象事业从最初的追随、受益，逐步走向付出、共享，为全球提供服务，其成就和贡献得到国际社会广泛认可。

中国主动承担国际责任，帮助推动WMO区域合作。目前中国承办世界气象中心、全球信息系统中心、区域气候中心、区域培训中心、亚洲沙尘暴预报区域专业气象中心、海洋气象服务区域专业气象中心、第三极（青藏高原）区域气候中心、次季节至季节归档中心、TIGGE归档中心等20多个WMO国际或区域气象中心。特别是2017年，中国气象局被正式认定为世界气象中心，标志着我国气象业务的整体水平迈入世界先进行列。由中国在2010年发起的"亚洲—大洋洲气象卫星用户大会"机制，在2016年被WMO正式确定为重要的区域气象卫星合作平台，弥补了亚太地区区域气象卫星合作平台的空白。2019年，中国气象局又专门建立了两年一届的风云气象卫星国际用户大会机制，进一步加强风云气象卫星国际应用。

中国气象工作者在国际活动中的参与度和地位变化，同样彰显着我国国际话语权和影响力的增强。最初，我国气象工作者是"端坐会场却极少发言"、不够精通外语的"沉默使者"；现在，他们是WMO技术标准和规范制订的参与者，WMO改革和区域合作的推动者，全球多灾种早期预警系统建设和全球人道主义协调气象保障等工作的先行者，是全球气象能力建设的贡献者。他们的身影活跃在国际气象舞台和全球各地，发挥着举足轻重的作用。

1987年、1991年，邹竞蒙担任两届WMO主席，成为中国担任国际组织主席的第一人。WMO执行理事会成员、WMO助理秘书长、台风委员会主席、IPCC第一工作组联合主席……这些要职目前都由中国气象工作者担任，在国际机构担任兼职的中国气象专家也有百余名。

首届中国—东盟气象合作论坛会场

主动谋划 携手世界求共赢

中国于2013年发起“一带一路”倡议，提出共建命运共同体、利益共同体、责任共同体等理念，这与WMO促进合作、加强气象交流的理念不谋而合。中国气象局积极响应、主动谋划，大力推动气象合作融入“一带一路”建设。

2017年5月，中国气象局与WMO在首届“一带一路”国际合作高峰论坛期间签署《中国气象局与世界气象组织关于推进区域气象合作和共建“一带一路”的意向书》，搭建了高层次“一带一路”合作平台。2018年7月率先与WMO共同设立了在联合国系统层面首个“一带一路”气象合作信托基金。

科技是促进交流合作的坚实桥梁。2015年，《中亚气象防灾减灾及应对气候变化乌鲁木齐倡议》签署，我国与中亚国家进一步完善气象科技合作机制。2018年10月，“气象”被上海合作组织成员政府首脑理事会第17次会议列为科研机构务实合作的重点领域之一。中国气象局与东盟国家通过《中国—东盟气象合作南宁倡议》，逐步构建了重点服务南海、覆盖印太地区的区域气象合作体系。在中非合作论坛框架下，我国基本完成对科摩罗、津巴布韦、肯尼亚、纳米比亚、刚果（金）、喀麦隆和苏丹等7个非洲

国家的气象项目援助。“中国气象援非项目的实施改进了非洲气象灾害的监测、预报和预警，为保护非洲人民生命财产安全做出贡献。”2019年WMO非洲区域协会届会主席报告这样描述“中国气象贡献”。

风云气象卫星的应用是气象服务全球的生动体现。2018年以来，习近平主席在上海合作组织青岛峰会等多个重要国际会议上承诺，愿利用风云气象卫星为各方提供气象服务。风云气象卫星目前有8颗在轨运行，为全球100多个国家和地区的2600多个用户提供卫星资料和产品。我国将风云二号H星定点于东经79度，为“一带一路”沿线国家和地区提供有力支持。目前，申请加入风云气象卫星国际用户防灾减灾应急保障机制的国际用户已达27个。

聚焦重点 共建共享合作成果

在通往气象现代化的道路上，我国气象部门将引进输出与共享共建作为对外科技合作的重要手段。改革开放后，为弥补短板，我国气象部门先后引进欧美先进硬件设施、国外人才智力等，以促进我国气象事业发展。党的十八大以来，我国气象部门在双边气象科技合作、国际机构气象合作等方面，通过完善合作机制，加强人才交流与智力引进，与合作对象共同促进、互惠共赢、共享合作成果。

目前，中国气象局与全球大部分国家和地区开展气象科技合作交流，与全球20余个国家的气象部门及欧洲中期天气预报中心、欧洲气象卫星开发组织等国际机构签署了双边气象科技合作协议、谅解备忘录等，涉及数值预报、卫星气象、防灾减灾救灾等领域。“在中国气象事业快速发展进程中，公众正享受着更加及时准确的天气预报服务，世界人民的安全福祉也受益于中国的发展。”美国国家天气局局长路易·乌切列尼曾如此评价。

中美签署的气象科技合作协议是我国与发达国家气象部门签署的第一份合作协议。双方已召开20次大气科技合作联合工作组会议，合作项目700余个。2011年以来，中美大气科技合作的部分项目被纳入第三轮至第八轮中美战略与经济对话的战略成果清单。

中英气象部门2014年共同发起的“气候科学支持气候服务伙伴计划”被列入当年国务院总理李克强访英时签订的《中英气候变化联合声明》附件。通过该项目，中英气象部门培养了一批年轻骨干人才，实现了从国际领先的气候科学向服务转化的总体目标。

英国气象局首席业务官菲利普·埃文斯认为该项目是“最成功的双边合作之一，成果有助于提升英国气象科技水平，为英国政府相关决策提供有力支持”。

中国气象局与欧洲中期天气预报中心于2014年正式建立双边合作关系，是该机构除与欧洲会员外，签署正式合作协议的两个国家气象部门之一。双方在数值预报、次季节到季节预测、资料同化、卫星资料、气候等关键技术领域开展合作，其合作成果获得WMO维萨拉奖。欧洲中期天气预报中心主任弗洛伦斯·拉比耶认为，中国气象局和欧洲中期天气预报中心之间的合作伙伴关系是科学合作的完美例证之一。

中国气象局还对标国际前沿，利用国际优秀专家资源促进国内气象业务发展，已建立风云气象卫星、数值预报、气候等方面的国际咨询机构，瞄准未来国际气象发展趋势，为我国气象发展和科研打下基础。

迈入先进 建设世界气象中心（北京）

1967年4月，第一批3个世界气象中心在世界气象组织（WMO）第5次大会上被认定。50年后，2017年，在WMO执行理事会第69次届会上，中国气象局被正式认定为世界气象中心。这是一次巨大的鼓舞，意味着我国气象事业从奋起直追到并列领跑，也标志着我国气象业务服务整体水平迈入世界先进行列。

2018年1月16日，“世界气象中心（北京）”牌匾正式授予国家气象中心。新的责任和使命落在了中国气象工作者的肩上——不仅要提升自身各项预报预警能力和服务水平，还要帮助世界上其他发展中国家和最不发达国家提升气象预报能力。

目前，全球共有9个世界气象中心，中国气象局是发展中国家中唯一的世界气象中心。面对机遇和挑战，近两年来，世界气象中心（北京）做好顶层设计，努力服务“一带一路”建设，践行中国气象走向“全球监测、全球预报、全球服务”的目标，带头落实无缝隙全球资料处理以及预报系统的世界气象业务“新战略”，以期满足我国及全球用户不断推动经济社会发展、提升气象防灾减灾水平的更高需求。

第十章　气象英才风采

中国气象局历任局长

涂长望
（1949年12月—1962年6月）

饶兴
（1962年9月—1967年11月，1972年10月—1980年4月）

孟平
（1970年1月—1973年5月）

薛伟民
（1980年4月—1982年4月）

邹竞蒙
（1982年4月—1996年8月）

温克刚
（1996年8月—2000年12月）

秦大河
（2000年12月—2007年3月）

郑国光
（2007年3月—2016年12月）

刘雅鸣
（2016年12月—2020年12月）

庄国泰
（2021年1月—至今）

气象领域院士

竺可桢（1890—1974）

1955年当选为中国科学院学部委员

涂长望（1906—1962）

1955年当选为中国科学院学部委员

赵九章（1907—1968）

1955年当选为中国科学院学部委员

程纯枢（1914—1997）

1980年当选为中国科学院学部委员

叶笃正（1916—2013）

1980年当选为中国科学院学部委员

谢义炳（1917—1995）

1980年当选为中国科学院学部委员

陶诗言（1919—2012）

1980年当选为中国科学院学部委员

高由禧（1920—2001）

1980年当选为中国科学院学部委员

曾庆存（1935—）

1980年当选为中国科学院学部委员

赵柏林（1929—）

1991年当选为中国科学院学部委员

周秀骥（1932—）

1991年当选为中国科学院学部委员

黄荣辉（1942—）

1991年当选为中国科学院学部委员

气象领域院士

丑纪范（1934—）

1993年当选为中国科学院院士

章基嘉（1930—1995）

1994年当选为中国工程院院士

巢纪平（1932—）

1995年当选为中国科学院院士

任阵海（1932—）

1995年当选为中国工程院院士

李泽椿（1935—）

1995年当选为中国工程院院士

吴国雄（1943—）

1997年当选为中国科学院院士

许健民（1944—）

1997年当选为中国工程院院士

伍荣生（1934—）

1999年当选为中国科学院院士

陈联寿（1934—）

1999年当选为中国工程院院士

李崇银（1940—）

2001年当选为中国科学院院士

秦大河（1947—）

2003年当选为中国科学院院士

符淙斌（1939—）

2003年当选为中国科学院院士

龚知本（1935—）

2003年当选为中国工程院院士

吕达仁（1940—）

2005年当选为中国科学院院士

丁一汇（1938—）

2005年当选为中国工程院院士

穆　穆（1954—）

2007年当选为中国科学院院士

徐祥德（1942—）

2009年当选为中国工程院院士

石广玉（1942—）

2011年当选为中国科学院院士

王会军（1964—）

2013年当选为中国科学院院士

宋君强（1962—）

2013年当选为中国工程院院士

张人禾（1962—）

2015年当选为中国科学院院士

戴永久（1964—）

2019年当选为中国工程院院士

张小曳（1963—）

2019年当选为中国工程院院士

第一节　竺可桢：地学之父 气象宗师

【人物小传】

竺可桢（1890—1974），生于浙江省绍兴县东关镇一个小商人家庭。中央研究院院士、中国科学院院士，中国共产党党员，中国近代气象学家、地理学家、教育家，中国现代地理学和气象学的奠基者，也是中国现代科技史学科奠基人，中国物候学的创始人，浙江大学前校长。

1909年竺可桢考入唐山路矿学堂（今西南交通大学）学习土木工程。1910年公费留美学习，并于1918年获得哈佛大学博士学位。1920年应聘南京高等师范学校。1929年起屡次被选任为中国气象学会会长。1934年参与创建中国地理学会。1936年担任浙江大学校长，历时13年。1949年担任中国地理学会理事长，同年11月中国科学院成立以后，竺可桢被任命为副院长、生物学地学部主任。1950年当选为中华全国自然科学专门学会联合会全国委员会委员、中华全国科学技术普及协会副主席。1955年被选聘为中国科学院学部委员（院士），兼任生物学地学部主任。1956年“综合考察工作委员会”正式成立，竺可桢担任委员会主任。1962年6月加入中国共产党。

1974年2月7日逝世，享年84岁。

三易学堂的少年英才

1890年3月7日，竺可桢生于浙江省绍兴县东关镇。1905年，他考入上海澄衷学校，以品学兼优、热情正直被同学推为学生代表。1908年，他在校参加了罢课活动，与校方发生争执，第一次易学。同年，竺可桢于秋季考入复旦公学（复旦大学的前身）学习。

半年后，他感觉教学内容过于陈旧、单调，便二次易学，以优异的成绩考入唐山路矿学堂（唐山铁道学院的前身），选择了实用性较强的土木工程专业学习，成绩每次名列全班第一。潜移默化中，竺可桢由一名普普通通的农村男孩，逐渐成长为一位爱国主义者。

1910年夏天，青年竺可桢与70多名同学一起踏上了开往美国的轮船，开始留学生活。

异国求学只为科学救国

1910年，竺可桢考取第二期留美庚款公费生，在美国伊利诺伊大学农学院学习，毕业后转入哈佛大学地学系，潜心研读与农业关系密切的气象学。

1916年，竺可桢参加了以提倡科学、传播知识为宗旨的中国科学社首届年会，当选为董事，担任起《科学》杂志的编辑。他从《科学》第2卷第2期发表文章以后，成为《科学》杂志最重要的作者之一，这一期间形成了科学救国的思想。1915年，竺可桢获得哈佛大学硕士学位后，留在哈佛继续深造，先后发表了《中国之雨量及风暴说》《台风中心之若干新事实》等多篇论文。1917年，他被接纳为美国地理学会会员，并获伊麦荪奖学金。1918年，竺可桢以论文《远东台风的新分类》，获哈佛大学气象学博士学位，当年秋天回到阔别8年的祖国。

坚持求是潜心科研

1918年的中国，几乎没有自己的气象事业。气象观测都集中于沿海和长江中、下游外国人操纵的海关测候所，气象预报和警报掌握在外国人办的上海徐家汇天文台。

学成归国，竺可桢旋即投身于科学救国的伟大事业之中。竺可桢不受官职厚禄诱惑，受聘到武昌高等师范学校，讲授地理和天文气象两门课程。他自编讲义，内容新颖丰富，体现了当时最先进的地理和气象学说，还在课外带领学生参观实习，深得同学爱戴。

1920年秋，竺可桢开始在南京高等师范学校任教，讲授气象学、地理学等。在南京师范学校的基础上，他创办了中国高等院校第一个地学系——国立东南大学地学系，编写出气象学教材讲义，发表了许多气象学研究论著，培育了一大批气象专业人才。

1921年，竺可桢任东南大学地学系主任。其间，他发表了有关东南亚台风、天气型、历史上气候变迁和阐述发展科学地理学等一系列专著，做出了开拓性贡献，并当选为中国科学社讲演委员会主任。1921年8月，竺可桢在《东方杂志》撰文《论我国应多设气象台》，从造福人民和为国雪耻增光的角度阐明其意义，分析气象台与农业、航海航空和国家形象的利害关系。

1922年，竺可桢着手在南京北极阁为东南大学建筑气象台。随后因东南大学领导闹派系，竺可桢分别于1925年、1926年转任商务印书馆编辑、南开大学教授各一年。1927年，重返东南大学任地学系主任，其间曾受中国科学社派遣，到东京出席第三届泛太平洋科学会议。

1924年10月，中国气象学会在山东青岛成立，竺可桢任中国气象学会理事、会长，1929—1958年，连任13届中国气象学会理事长（会长）。

1928年，竺可桢应中央研究院蔡元培院长之聘，在南京北极阁筹建气象研究所，辞去中央大学地学系主任职务，任气象研究所所长；出版了中国第一本近代《气象学》。竺可桢全力创建北极阁气象台的地面和高空观测、天气预报和气象广播等业务，推动全国气象台站建设，培训气象人才，带头开拓气象研究。1930年1月1日，中央气象研究所开始发布气象预报，这是中国人对自己的国土和海域独立自主预报天气的开端。

经过竺可桢率领团队多年努力，中国建立起40多个气象站和100多个雨量测量站，初步形成了中国气象观测网，开展了物候观测、高空探测及天气预报业务，出版了气候资料、图集、气象杂志和气象研究所文集，为中国气象学研究和气象事业建设做出了重要贡献。1931年，他还派人把气象站建到拉萨，以示中国对 西藏的主权不容任何人争议和觊觎。

1936年起，竺可桢担任国立浙江大学校长。到浙江大学之后，他仍兼任气象研究所所长10年，兼理气象所的重要所务，在事关国家气象事业的决策性问题上起着重要作用。例如，协同各方促成1941年建立政府系统的气象局，统筹管理全国民用气象业务；1940年浙江大学开始培养气象在内的研究生；争取公费留学名额，培养气象高级人才；推荐赵九章主持气象所；坚持反对驻华美军总部干预中国主权，将政府系统的气象局改隶国防部（实际并归中美合作所）的要求。1948年4月，中央研究院举行首届院士选举，竺可桢高票当选为气象学科的院士。

笃行求是精神的浙大校长

竺可桢明确提出大学要培养以天下为己任的领袖人才。1936—1949年，竺可桢担任浙江大学校长长达13年间，让这所原来普通的地方性学校在困厄中崛起，一跃而居于全国少数著名大学之列。浙江大学从原来文理、工、农3个学院16个系，发展到文、理、工、农、师、法、医7个学院25个系（最多达30个系）、10个研究所，教授也由70余名发展到200余名，在校学生也由原来的500余人增至2000余人。成为国家高级专门人才的浙江大学毕业生达到3500余人，为新中国科学教育事业培养了大批优秀骨干人才。为了纪念竺可桢校长，后人于2000年5月成立了浙江大学竺可桢学院。

1937年8月，日寇进攻上海，逼近杭州。竺可桢决定带领全校1000多名师生走上“西迁”之路。初迁浙江於潜、建德，继迁江西吉安、泰和，三迁广西宜山，四迁贵州遵义湄潭。1938年11月19日，竺可桢在广西宜山主持召开校务会议。在他的倡议下，会议确定了“求是”为浙江大学校训。竺可桢在历次演讲中反复强调，“求是”精神就是一种“排万难冒百死以求真理”的精神，必须有严格的科学态度：“一是不盲从，不附和，只问是非，不计利害；二是不武断，不蛮横； 三是专心一致，实事求是。”

西迁时期，竺可桢提出了“大学教育与内地开发相结合”的办学思想，沿途造福乡里。在江西泰和，竺可桢让土木系师生考察并设计了一条大堤“浙大堤”，由县政府组织施工，解除水患，至今天仍发挥作用。在湄潭，浙大茶叶专家教老百姓种茶和炒茶技术，大大提高了茶叶质量。在遵义，吸食鸦片烟的烟民甚众，竺可桢甚为痛心，由浙大提供援助经费帮助当地人免费戒烟，时至今日老湄潭人还念兹在兹。

科学精神交织爱国情怀

20世纪初，随着西方先进科学的引进，中国古老的科学传统被一些知识精英所遗忘或忽视，学术界开展了持续数十年的“中国有无科学”的大讨论。从20世纪30年代起，竺可桢积极参与讨论，在纪念中国科学社成立二十周年广播演讲《中国实验科学不发达的原因》中，分析了近代中国科学不发达的原因，认为实验科学最重要的工具就是人们的双手。竺可桢还严厉批评了当时盛行的“中学为体，西学为用”观点和“摩托救国”“飞机救国”的口号。

竺可桢始终胸怀爱国情怀。1949年4月杭州解放前夕，竺可桢领导浙大师生积极准备迎接解放，同时电告国民党政府，坚决拒绝迁往台湾，并隐居上海，闭户谢客；中华人民共和国成立后出席全国人民政治协商会议，积极投身新中国建设。1969年11月11日，他就钓鱼岛主权问题致函周恩来总理，在他的努力下，1970年5月18日，《人民日报》刊文《佐藤反动政府玩弄妄图吞并我钓鱼岛等岛屿新花招》，指出“钓鱼岛等岛屿和台湾一样，自古以来就是中国的领土”。1972年10月，新出版的《中华人民共和国地图集》明确将钓鱼岛海域划入中国版图，并用大字标出。

蜚声国际的中国气象学之父

竺可桢于1949年担任中国地理学会理事长，同年11月中国科学院成立以后，被任命为副院长、生物学地学部主任。1950年当选为中华全国自然科学专门学会联合会全国委员会委员、中华全国科学技术普及协会副主席。1955年被选聘为中国科学院学部委员（院士），兼任生物学地学部主任。1956年“综合考察工作委员会”正式成立，竺可桢担任委员会主任。

竺可桢是历史气候学的创建人、奠基人，其中历史气候变迁是他用力最多、成就最大的一个领域，蜚声国际科学界。他一方面重视物候的观察记录，自1921年留学回国的第二天直到1974年逝世的前一天，他每天观察并记录物候和天气，由于战乱，只保存下来1936年到1974年2月6日的日记，共计38年37天，约800万字，《竺可桢日记》是宝贵的科学史财富，对中国近现代科学史特别是对中国科学院院史的研究有很大的价值。另一方面，他广泛收集历史物候资料，与宛敏渭合撰的《物候学》一书中收集有丰富的历史物候资料和研究成果，这在其他国家的物候著作中实属少见。

作为中国现代气象科学的奠基人，竺可桢始终关注并“尽毕生之力”开展气候变化研究，关于气候变化的一系列奠基性研究，对于人们今天认识这一全球重大问题，具有基础的科学意义。

竺可桢毕生领导中国古代科技成就的发掘事业，目的在于阐明中华民族在世界科技发展中的杰出贡献，以激发民族自尊心、自信心；研究历史上的中外科学文化的交流，促进中国与世界各国人民之间的友好关系。另外，在天文学史、气象学史、地理学史、科学通史等方面也有研究，发表过许多论文。

作为“可持续发展”的思想先行者，竺可桢始终从科学视角，关注中国的人口、资源和环境问题，不仅在学理上大力关注可持续发展的相关理论问题，且知行合一，在经济社会发展实践中倾力躬亲。从世界可持续发展思想形成的历史进程看，这些思想的提出，标志着中国科学家较早地、独立地关注并研究人口、资源和环境问题，是中国科学界对“可持续发展”理念具有前瞻性的早期探索。

1962年6月4日，72岁的竺可桢郑重加入了中国共产党。

1974年2月6日，竺可桢写下最后一篇日记：“气温最高−1 ℃，最低−7 ℃，东风1～2级，晴转多云。”这是他在世上留下的最后笔迹，他的思维定格在终身从事并热爱的气象事业。

第二节 涂长望：新中国气象事业的奠基者

【人物小传】

涂长望（1906—1962），出生于湖北武汉，1929年毕业于上海沪江大学地理系。1932年英国伦敦大学帝国理工学院毕业，获气象学硕士学位，1955年被选聘为中国科学院学部委员（院士）。涂长望是中国近代气象科学的奠基人之一，新中国气象事业的主要创建人、杰出领导人和中国近代长期天气预报的开拓者。在长期预报、农业气候、霜冻预测、长江水文预测、气候与人体健康、气候与河川水文关系等气象领域均有杰出成果。他是中国共产党党员，也是九三学社第三、四届中央委员会秘书长，第五届中央委员会副主席。他还是第一、二届全国政协委员和第一、二届全国人大代表，中国科协书记处书记，中华全国自然科学专门学会联合会常委兼秘书长，世界科学工作者协会理事兼书记，英国皇家气象学会外籍会员。

1962年6月9日逝世，享年56岁。

狠抓人才培养，为气象事业发展积聚力量

中华人民共和国成立前夕，涂长望就在中国共产党的安排下，由上海经香港辗转到北京，参加筹备召开中华全国第一次自然科学工作者代表大会，参与遴选科技界政协委员的工作。中央人民政府成立后，1949年11月20日，周恩来总理在百忙之中会见涂长望，了解新中国气象事业的筹备情况。12月8日，军委气象局成立，12月17日，军委即发布了军字第444号主席令，毛泽东主席任命涂长望为中央人民政府人民革命军事委员会气象局局长。

针对新中国成立初期人才极度匮乏的问题，涂长望一方面吸引海外人才回国，一方面千方百计培育新人，为新中国气象事业的建设和发展奠定了坚实的人才基础。

他采用书面号召或辗转致意的方式，希望海外气象友生回归祖国，服务新中国的气象事业。在他的感召下，后来成为著名气象学家的叶笃正、谢义炳、朱和周、顾钧禧、顾震潮、谢光道、张宝堃等，都是在新中国成立之初先后从海外回国参加新中国气象事业的建设。

为解决气象人才奇缺的燃眉之急，涂长望还要求举办了各类培训班培养急需人才。1950年4月26日至9月9日，军委气象局与清华大学合办的气象观测人员训练班，由谢义炳、王鹏飞等专家授课，培养出新中国最早的一批气象观测员79人。1950年10月21日至1951年3月31日，军委气象局举办39人参加的预报实习班，涂长望亲自授课，谢义炳、顾震潮、陶诗言、张丙辰等气象学家参加授课，这是新中国培养出的最早的一批气象预报员。

在初步解决人才紧缺问题后，涂长望把气象人才培养，从突击培训转移到正规教育的轨道上来。除在北京大学和南京大学设立气象专业外，还在全国先后设立了北京、成都、湛江3所气象中专学校。1960年，经教育部批准，又在南京大学气象系的基础上组建了新中国第一所气象高等院校——南京气象学院。

此外，涂长望还选派气象科技人员到国外学习和进修。1953—1959年，选拔了26位气象科技人员，分批派往苏联和芬兰等国家学习和进修。中国科学院院士曾庆存和中国工程院院士章基嘉（曾任国家气象局副局长）等，都是在那个时期被选送到苏联留学的。

重视科学研究，为气象事业发展提供科技支撑

涂长望十分重视发挥气象科学家的作用。新中国成立初期，他在中国科学院副院长竺可桢的支持下，与地球物理研究所所长赵九章商量并经中央军委批准，于1950年4月成立了“联合天气分析中心”和“联合资料室”，为配合我军解放海南岛、舟山群岛，为西藏和平解放和抗美援朝等许多军事活动，提供了气象保障，做出了积极贡献。

他同样重视气象科学研究工作，注重发挥科研在促进业务发展中的作用。1954年8月3日，成立了由他和副局长王功贵、卢鋈牵头的有10位气象专家参加的中央气象局技术革新及研究科学委员会，并在相关部门成立了业务研究科组，推动气象技术革新和气象科学研究。1956年8月，在中央气象台的基础上，成立了中央气象科学研究所，兼有业务、科研双重任务。1958年，中央气象科学研究所与中央气象局的业务管理部门合并重组，建立了独立的中央气象科学研究所，即中国气象科学研究院的前身。他提出气象技术革新和气象科学研究工作，要紧密结合气象业务工作来做，采取重点突破的方法，尽快改变我国气象科技的落后状况。

制定远景规划，为气象事业发展绘制蓝图

涂长望十分重视新中国气象事业的长远发展。早在1956年年初，他就主持制定了气象事业十二年发展的远景规划。一是气象台站网建设密度要超过美、英等发达国家水平；二是开展各种专业气象服务，使中长期天气预报业务化；三是开展日射、海洋、臭氧观测和飞机、雷达、近地层物理观测以及各种高空观测，填补气象观测的空白；四是成立研究机构，开展气象科学研究，使中国的气象科学技术接近或达到国际水平；五是广泛使用现代电传、传真等设备，承担国际气象广播任务；六是气象仪器要做到全部自给；七是增设气象院校和系科。他还对气象科学技术的国际水平提出四个标准：第一，气象科学每个学科，不但有一定数量的高级研究人员，各主要学科都要有一两个国际学术权威，第一流科学家；第二，气象仪器设备基本上能在国内设计制造；第三，农业气象、海洋、水文、大气物理都要有所发展；第四，解决经济建设和国防建设中提出的重要气象问题。虽然由于1956年以后政治运动频繁，气象事业十二年发展远景规划的实施受到一定影响，但这一宏伟蓝图不仅为当时气象事业的发展指明了方向，而且为后来直至今天的发展奠定了一定基础。

加强对外交流，为气象事业发展拓展国际空间

涂长望积极促进我国气象信息的对外公开发布。在他的努力下，我国气象信息从1956年6月1日8时起，向全世界公开广播。此前，基于对日本、朝鲜人民的安危的考虑，他请示国务院批准，从1955年3月起，在中央人民广播电台用日语、朝鲜语向日本和朝鲜人民广播天气预报和灾害性天气警报。中国气象信息解密和对外公开广播，在世界上激起了极其强烈反响和一片赞叹。日本、英国、冰岛、埃及、芬兰、墨西哥等许多国家的气象局长来函、致电涂长望局长表示感谢和祝贺。此后，气象工作的国际交流与合作不断加强。1956年10月23—31日，涂长望作为会议主席在北京主持召开了苏联、中国、越南、朝鲜、蒙古国气象局长和邮电部代表参加的“五国水文气象局长和邮电部代表会议”。这是新中国成立以来，在我国召开的第一个有关气象工作的国际会议。会议就加强各国间气象和邮电部门的合作、开通国际气象电路直接交换气象情报以及交换的种类与内容达成了一系列协议。1957年，涂长望作为中国国际地球物理年的组织者，参加了国际地球物理年活动，向国际社会展示了新中国气象事业发展取得的成就。

深入一线工作，为气象部门带出优良作风

新中国成立时，全国气象台站只有101个，气象设备十分简陋，气象仪器几乎全部依赖进口，技术规范也极不统一。在他领导下，新中国气象台站网建设有计划地进行。他与局领导班子成员一起，带领新中国培养出来的气象人员，在全国各地特别是青藏高原、戈壁沙漠，克服一个又一个困难建设气象台站。很多气象台站建在交通不便的地方，年轻的气象人员背着气象仪器、通信器材徒步行走，在千里荒原落脚。没有房子，就住破庙；没有破庙，就住帐篷；没有桌子，就用干牛粪垒成台子处理观测资料并发报。没有米面、蔬菜，就吃青稞、糌粑。涂长望十分敬佩年轻气象员的革命英雄主义和革命乐观主义精神，每当艰苦气象台站建成，他都要发电报表示慰问和祝贺。

由于长期处于紧张劳累状态，从1958年开始，涂长望的身体状况越来越差，走路不稳，视觉模糊。但他仍然坚持下基层台站调查研究。1958年9月22日至10月28日，他带病与王鹏飞、邱国杰、刘广汉等8位同志，去内蒙古自治区和山西省的气象台站调研。在呼和浩特，涂长望坚持住在局里，睡木板床，在职工食堂吃饭，和气象工作人员亲切交谈。他深入到茂旗、包头、临河、东胜等基层气象台站看望职工，使同志们深受鼓舞。在山西大同，涂长望指导晋北气象台出台了分片预报方法，并推广到全国。

由于长期带病工作，积劳成疾，涂长望于1962年6月9日5时35分与世长辞，终年仅56岁。涂长望光辉短暂的一生，为新中国气象事业建设和发展做出的杰出贡献，将永载中国气象史册。

郭沫若同志参加涂长望公祭大会后，对涂长望的怀念之情挥之不去，题诗《挽涂长望同志》刊登在1962年6月的《人民日报》：

同君屡次赋欧游，才干堪推第一流。

肝胆照人风洒脱，心胸涵物韵容休。

戡天志在争民主，返日戈挥夺自由。

努力一生无懈怠，令人长忆旧渝州。

第三节 叶笃正：中国气象学泰斗

【人物小传】

叶笃正（1916—2013），又名叶平斋，祖籍安徽省安庆市，气象学家，中国现代气象学主要奠基人之一、中国大气物理学创始人、全球气候变化研究的开拓者。

1940年叶笃正毕业于西南联合大学；1943年，在浙江大学获硕士学位；1948年11月，在美国芝加哥大学获博士学位；1980年，任中国科学院大气物理研究所所长，并当选中国科学院学部委员（院士）；1981—1985年，任中国科学院副院长；1978—1986年，任中国气象学会理事长。芬兰科学院外籍院士，英国皇家气象学会荣誉会员，美国气象学会荣誉会员。中国科学院大气物理研究所研究员、名誉所长。1988年获国家自然科学奖一等奖、二等奖，1995年获何梁何利基金科学与技术成就奖和陈嘉庚地球科学奖，2003年获世界气象组织（WMO）的国际气象组织奖，2005年度获国家最高科学技术奖。

2013年10月16日逝世，享年98岁。

科学救国

1916年2月21日，叶笃正出生于天津一位清末道台家中。十四岁以前，叶笃正一直接受私塾教育。1930年，他进入南开中学。

1931年，“九・一八”事变爆发。3年后，日本人把从北京到天津的长城以南地区强行规定为“非军事区”，建立了傀儡政府。叶笃正积极参加学生运动，确定了人生的远大目标——科学救国。

1935年，“一二·九”运动爆发，刚考入清华大学的叶笃正参加了这场运动。两年后他回到学校，在乒乓球台边结识了学长钱三强。在钱三强的劝说下，他放弃了自己喜爱的物理专业，选择了对国家更为实用的气象学专业。

与国同运

1945年，叶笃正抱着科技救国的理念，远赴美国留学，师从世界著名气象和海洋学家C.G.罗斯贝。

叶笃正勤奋、聪颖，发表了多篇重要学术论文。特别是他的博士论文“长波能量频散理论”，由于发展了老师罗斯贝的“大气动力理论”，使他蜚声国际气象界，并迅速成为以罗斯贝为代表的“芝加哥学派”的主要成员之一。

1949年，叶笃正结束了学业，得到了一份年薪4300美金的工作。在“祖国需要我”的信念支持下，叶笃正毅然决定回国。但是当时美国政府不允许学习自然科学的中国学生回国，尤其是不允许已经在美国工作的学习自然科学的人员回国。为了获得签证，他在老师的帮助下恢复了学生身份，经过一年的等待，终于在1950年10月新中国欢度第一个国庆日之时，登上了一艘将在香港停靠的轮船，辗转回到祖国的怀抱。

耕耘逐梦

当时，中国现代气象科学几乎是一片空白。叶笃正的到来，令新中国气象事业除竺可桢、赵九章外，又增加了一位杰出的气象学家。

回国后，叶笃正被任命为中国科学院地球物理研究所气象组组长，在北京西直门内北魏胡同一座破旧的房子里开始了艰苦的创业。对于在国际学科前沿的工作，叶笃正并不只是跟在外国人后面去与国际接轨，而是做出了系统、原始创新成果，成为前沿领域的重要组成部分。

20世纪50年代中期，叶笃正在研究中发现，在青藏高原以南和以北有两股强西风向东吹，青藏高原像一个巨大的屏障使它们的位置比较稳定，越往东走，两股气流的距离越近，最后合成一股，到了日本风力最强。叶笃正开创性地提出，青藏高原在夏天是一个热源，在冬天是一个冷源，其影响几乎波及半个地球。青藏高原的动力作用和热力作用是叶笃正的最大发现，享誉世界的青藏高原气象学也由此建立。

叶笃正开创青藏高原气象学，令他在20世纪80年代，先后当选芬兰科学院的外籍成员、美国气象学会荣誉会员和英国皇家气象学会会员。迄今为止，仅两位中国人当选美国气象学会荣誉会员。

上世纪50年代，气象学中一个重要问题是如何解释对天气预报至关重要的大气环流。为了改进和提高我国天气预报的准确性，叶笃正与合作者从观测事实和理论分析出发，开展了对东亚大气环流演变的研究，提出了北半球冬季西风带阻塞形势演变的机理和预报这些演变过程的关键指标，不仅大大提高了我国冬季寒潮爆发的预报准确率，而且为研究冬季西风带大气环流演变提供了理论基础。“北半球冬季阻塞形势的研究”成果，迄今应用于中国天气预报业务。叶笃正与合作者撰写的《大气环流的若干基本问题》被国际公认为大气环流动力学最早的著作。

1958年，叶笃正等科学家比其他国家的科学家早20多年提出了东亚大气环流的季节转换的突变性。鉴于叶笃正等人对东亚大气环流做出的系统和开创性研究，他们荣获了1987年国家自然科学一等奖。

1958年到1966年，叶笃正担任地球物理研究所天气气候研究室主任，研究室很快发展壮大。到1965年已拥有研究员5人、副研究员4人，全室共183人，为成立大气物理研究所储备了足够的人才资源。在叶笃正等科学家的带领下，地球物理研究所天气气候研究室在东亚大气环流、大气适应过程、寒潮、东亚季风、长期天气预报等方面取得了令人瞩目的成就，并开创了数值天气预报、人工增雨、云雾物理、积云动力学和中小尺度动力学、大气边界层物理、大气臭氧、大气探测等诸多新领域的研究。

风雨兼程

1978年10月，叶笃正任中国科学院大气物理所所长。他提出大气所要抓好气候的形成规律和中长期预报，用以带动大气环流、动力气象、海气交换、地气关系等问题的研究，有利于解决大范围的旱涝、低温等长期天气预报及未来几十年气候变化趋势的估计。要做好中小尺度系统动力学、天气分析以及近地面层物理的研究，暴雨预报的研究。他把这些工作形象地比作“抓两头，带中间”。

叶笃正强调加强基础理论研究，注意学科之间的相互渗透，特别是大气与海洋、大气与地表状况之间的关系。他非常重视开展大规模综合观测，诸如青藏高原的综合考察。

叶笃正这些关于大气物理研究所发展的战略设想，以及在他担任所长期间取得的显著成果，为大气所的发展奠定了良好基础。

“八五”期间，叶笃正作为气象学界首席代表，担负起国家重点科研项目之一“我国未来20年～50年生存环境变化趋势的预测研究”。1987年，国际科学联盟理事会任命他为国际地圈生物圈计划特别委员会委员。他广泛参与这个组织科学计划的制定，以及该计划在中国的组织和领导工作，使中国在全球气候和环境变化研究方面，占有一席之地。

洞彻风云

科学工作者既要实事求是，追求真理，更要把自己的事业与国家的命运和人民的利益紧紧联系在一起。叶笃正始终把这条理念贯穿于科研工作的始终。

1984年，一位美国气象学家带着开展“全球变化”研究的想法，到中国寻求叶笃正支持。叶笃正意识到，这是一个很重要的科学问题，既包涵基础理论，又很实用。

年近古稀的叶笃正顶着压力干，把全部精力投入到利用全球变暖的正面效应、降低其负面效应的研究上，并在2003年首次提出了“有序人类活动”的概念。他成为“全球变化”这个国际研究新领域的开山鼻祖。

在很多方面，叶笃正都表现出了他对科学前沿问题的敏感。1981年他在美国著名的地球物理流体动力学实验室（GFDL）与美国科学院院士真锅淑郎进行合作研究时，提出了地球表面由于水分平衡造成的湿度变化对全球气候变化可能产生影响的理论，这是最早的有关大气圈和地球其他圈层相互作用的理论。他在参加东亚气候中心“973”项目北方干旱化趋势研究项目，讨论到人类活动如何使气候恶化时，听到科学家提出，“有序”人类活动也可以使气候向良性方向变化，甚至起到改造局地气候变化的作用。叶笃正抓住“有序”这个词，随即组织发表了有关有序人类活动对气候变化可能起到良性效果的论文。随着科学研究的发展，将会如叶笃正预期的那样，诞生出“气候环境变化控制论”的新学科分支。

学术界认为，叶笃正使中国的气象研究走进了一个系统工程。由于他的努力，中国气象始终与世界保持同步。

因在大气科学和全球变化科学上做出诸多贡献，叶笃正荣获2003年度第48届世界气象组织最高奖“国际气象组织（IMO）奖”。世界气象组织秘书长米歇尔·法罗曾用“广受尊敬、世界闻名”来赞誉他的杰出贡献。

笃学风行

人如其名，叶笃正无论是做人还是治学，就像他的名字一样——扎实、正派。

叶笃正是中国大气科学界科研和教学的重要领导者、组织者和实践者，为中国气象界培养造就了几代优秀科研工作者，仅培养大气科学界的中国科学院院士就多达6人。在叶笃正九十华诞时，中国科学院院长路甬祥发来贺信，并题词“揽东亚风云志在千里，携青年才俊壮心不已”。1998年，叶笃正把获得的“何梁何利基金科学技术成就奖”奖金110万元港币的一半拿出来，捐给了中国科学院大气物理所。研究所以此设立了“学笃风正”奖。中国气象局、北京大学、清华大学等单位的青年学者都曾获得过该奖。

黄荣辉院士是深受叶老影响的学生之一，他说：“叶老作的是大学问，可最恨用‘大’字眼。”叶笃正在培养后辈方面从来不遗余力，他说：“如果我的学生不如我，说明我是一个失败的老师！”世界气象组织秘书长雅罗评价他：“以无尽的热情和善良帮助学生，得到了他世界各地的弟子们的高度尊敬和感激！”

叶笃正，作为国际大气科学界屈指可数的学术巨匠之一、中国大气科学界及全球变化研究领域的一代宗师，和祖国一起走过了20世纪几乎全部的历程，带领中国大气科学研究事业始终跟随着世界的脚步，他曾说：“我们一直跟着跑，并没有落后多少；我们不能跟在外国人后面去‘同国际接轨’，而要让外国人来同我们接轨。”最让叶笃正激动的，是听到美国把中国当作战略竞争对手的那一刻。被外国人踩在脚下的日子一去不复返了，这就是一位科学家的对祖国赤诚的爱。他的一生，国为重，家为轻，他用毕生的情感、智慧和忠诚，铸就了一位爱国知识分子的辉煌人生。

2006年1月，叶笃正荣获2005年度国家最高科学技术奖，这既是对他一生科学成就的表彰，也是对他一生爱祖国爱人民精神的最大肯定。

第四节 陶诗言：中国当代天气预报的开拓者

【人物小传】

陶诗言（1919—2012），浙江嘉兴人，天气学家、动力气象学家，中国科学院院士，中国科学院大气物理研究所研究员、博士生导师。

1942年陶诗言从国立中央大学地理系毕业后留校任教；1944年底到中央研究院气象研究所工作；1949年进入中国科学院地球物理研究所，继续从事气象学的研究工作；1956年被提升为研究员；1980年当选为中国科学院学部委员；1985年1月起兼任南京大学气象系教授；1986年当选第21届中国气象学会理事长；1996年获得何梁何利基金科学与技术进步奖。

2012年12月17日逝世，享年94岁。

中国第一代大气科学本科生

1938年，19岁的陶诗言以优异的成绩被免试推荐到中央大学（现在的南京大学）工学院的水利工程系。中央大学是当时中国最好的大学之一，学术氛围浓厚。在入校一年以后，出于对天气变化研究的兴趣，他转入理学院地理系气象专业。

当时世界范围内气象学的挪威学派蓬勃兴起，罗斯贝创立的芝加哥气象学派也在酝酿中，但气象在中国还是冷门，是个新生小学科，只有顾震潮、陶诗言、黄士松、陈其恭等4人，成为近代中国大气科学本土培养的第一批本科生，对近代中国大气科学发展做出重要贡献。

陶诗言于1942年毕业，获理学学士学位，本科毕业论文主要内容是变压风的应用，这已经和当时最前沿的大气科学理论——罗斯贝学派的理论挂钩，这为其将来进一步学习罗斯贝学派的理论打下基础。大学毕业时，陶诗言有机会去国外深造，由于选拔考试时他吐了血，失去考试机会。陶诗言一生都没有在国外留学的经历，一直耕耘在中国气象预报和科研的最前沿，在长期大量业务和科研实践中逐渐成长为气象学一代宗师。

预报暴雨受到国务院嘉奖

1949年，新中国成立，百废待举、百业待兴之时，急需各种气象服务。1950年10月抗美援朝开始后，对气象服务的要求更加迫切。当年冬天，还是助理研究员的陶诗言携带家眷从南京迁到北京；12月，中国科学院地球物理研究所与军委气象局合作成立了“联合天气分析预报中心”，顾震潮任主任，陶诗言、曹恩爵任副主任。

“联心”时代，国内气象资料奇缺，基础薄弱，很难做出正确的天气预报。陶诗言和顾震潮一起，带领“联心”的同志们学习国外的新成果，创造了适合我国实际的天气预报方法和有中国特色的研究成果，丰富了我国的天气学理论。

1954年7月到8月间，长江流域发生了百年不遇的洪水，汉口危在旦夕，形势十分危急。在高水位威胁下，究竟要不要分洪，成了党中央一时难以决断的事情。危险时刻，陶诗言果断预报大暴雨即将终止。果然，不久暴雨停止，毛泽东主席非常欣慰，陶诗言受到国务院嘉奖。

陶诗言在“联心”工作期间编写的《中国短期天气预报手册》，对于指导中国天气预报的发展起了相当大的作用。20世纪50年代末和60年代初，陶诗言的有关寒潮路径、北半球大气环流突变与长江流域的梅雨等一系列重要论文，很多都来自在“联心”的一些实践经验。

文革中开创中国卫星气象学

1966—1976年，大气物理研究所和中央气象局都受到了“文革”影响，但陶诗言抓住一切可以利用的时间和条件做研究工作。中国两弹实验，需要杰出的气象学家，陶诗言被张爱萍将军“点将”。

云和风的预报，全凭陶诗言多年的经验以及扎实的实践知识来做，在缺乏大量设备和客观条件的情况下，他创造性地设计出科学有效的观测方法。陶诗言选定离发射场周边几百千米的几个关键点为高空观测站，如果出现卷云，立刻电话通知发射场，通过这些方法做出了客观合理的预报。第一颗原子弹爆炸的时候，为了确保看清原子弹的姿态，要求发射靶场上不能有卷云。所以每次执行发射任务时，他都要提早几个月过去，摸清酒泉周围几个寨子什么时候上云的情况。

在酒泉卫星发射基地，陶诗言还为基地气象保障工作创造了云区分析方法，掌握了沙漠戈壁天气的变化规律。他认为一般情况下，温区天气过后，随之而来的则是冷区天气，而这冷区天气又大都从乌拉尔山而来。他的理论创新和实践创新颇有中国本土特色，在实际发射试验站得到很好的验证。

陶诗言不仅圆满地完成了两弹试验的气象保障任务，还为基地培育了一批年轻的军事气象科技人员。辛勤的工作，得到了基地领导和广大指战员的高度肯定，1965年5月陶诗言荣立一次二等功，1966年荣立大功一次，充分见证了他“独特、高雅、深入、多变”的治学风格和不断创新的科学探索精神。

“75·8”暴雨大会战

1975年8月上旬，在河南省南部淮河上游丘陵地区发生百年不遇特大暴雨，产生巨大灾难。“75·8”河南特大暴雨给了全国气象界以极大的震动，1976年从春至夏，陶诗言带领数名大气所研究人员参加会战研究。

陶诗言带着丁一汇到河南现场考察，物质条件贫乏，无论吃的、住的都很艰苦，一人一张很小的床铺。他们日夜研究，暴雨预报的“落区法”就是那时候研究出来的。

在大会战的两三个月期间，研究组都是军事化管理。陶诗言天天跟研究组的同志一起画图并分析天气图，遇到问题大家一起讨论。陶诗言在30多个人的研究组里发挥了核心指导作用，他认为要把天气模型搞出来，指导研究组分析特大暴雨的案例，让研究组分析清楚1931年到1975年中国历史上所有的特大暴雨。

丁一汇院士评价这次研究说：“一个最大的成功就是落区法，至于机理的问题，那个时候（陶诗言）就开始认识到这个暴雨是发生在多尺度作用之下。多尺度，首先是行星环流的背景，然后是天气尺度的变化，中心是中尺度，最后是积云尺度的，这四种尺度是相互作用的，因此才产生了‘75·8’大暴雨。”

“75·8”暴雨大会战之后，陶诗言对暴雨研究一直持续着，从1975年到1979年，整整5年。研究非常有成效，提高了长期天气和短期暴雨预报水平。陶诗言撰写了暴雨研究专著《中国之暴雨》，对20世纪的多次大暴雨进行了系统深入的研究，有很多重要创新。

1980年，《中国日报》报道了他对暴雨的研究成果。《中国之暴雨》具有较高的科学水平和广泛的影响，1992年被评为中国科学院自然科学奖一等奖。

低调而勤奋

陶诗言一生淡泊名利，从不挑剔，生活非常简单，他一生得到多项荣誉，却并不在意。1956年，陶诗言被评为全国先进劳模，他的儿子一直都不知道这件事。对自己的荣誉证书，陶诗言也没有精心收藏，很多重要的荣誉证书不知散落何处，剩下的一些，简单用线捆住，装在一个很旧、还有些破的塑料袋中，放到一个不起眼的角落里。

陶诗言一生勤奋。他在图书馆博览群书，阅读许多英文、俄文的原版书籍，连图书管理员都成了他的好朋友。陶诗言孜孜不倦地追求学术最前沿，85岁高龄的时候还到新疆的塔克拉玛干沙漠，乘着越野吉普车奔波1000多千米进行考察。

陶诗言曾把“预报天气”比喻为“医生看病”。2008年初，突如其来的低温雨雪冰冻天气给中国南方造成巨大损失，90岁高龄的陶诗言呕心沥血，仍然带领学生开展研究。2008年夏，北京举办奥运会，陶诗言急国家所急，认真关注天气变化，积极参与奥运天气会商。2012年北京“7·21”特大暴雨发生后不久，陶诗言立即提出建议，请相关专家认真分析、开展研究。这是他去世前4个月的建议，也是他最后一次向晚辈布置学术任务。

第五节　曾庆存：最高科技奖得主

【人物小传】

曾庆存，1935年5月出生于广东省阳江市。中国科学院大气物理研究所研究员，国际著名大气科学家。

1956年毕业于北京大学物理系，1961年在前苏联科学院应用地球物理研究所获副博士学位。回国后先后在中国科学院地球物理研究所和大气物理研究所工作，曾任大气物理研究所所长，中国气象学会理事长、中国工业与应用数学学会理事长。1980年当选中国科学院学部委员（院士），1994年当选俄罗斯科学院外籍院士，1995年当选发展中国家科学院院士，2014年当选美国气象学会荣誉会员（该学会最高荣誉），是全国劳动模范、全国先进工作者、第十三和十四届中共中央候补委员。2020年1月10日，获国家最高科学技术奖。

为国选择气象学

曾庆存走过的每一步，都饱含着“对科学的兴趣”“对新知识的渴求”和“对国家和民族的热爱”。

曾庆存是广东农家穷孩子出身。小学三年级，老师评价他“天资聪颖，少年老成”。小学没毕业，他参加“跳考”，直接进入中学读书。

曾庆存怀揣“原子梦”考入北京大学物理系。当该系安排一部分学生主修气象学专业时，他当即服从安排。“那一年，一场晚霜把河南40%的小麦冻死了，我挨过饿，深有体会。如果能提前预判天气，还会这样吗？”

从此，他走上大气科学研究之路。说起天气预报，人类最初“凭经验”、看云识天气；到了20世纪，科学家发明和应用了气象仪器来测量大气状态，气象学由此进入“科学时代”。后来，有科学家提出数值天气预报模型。这是一个全新的解决方案，最大的难点就是原始方程的算法。

1956年，曾庆存大学毕业之际郑重提交了入党申请书，“响应党中央向科学进军的号召，为祖国建设贡献力量。我决心把一切献给党、献给祖国和人民”。

1957年底，曾庆存作为公派留学生到苏联深造，师从气象大师基别尔。基别尔很欣赏他的勤奋，把当时国际气象学未解的难题交给他：应用斜压流体力学原始方程做天气预测。

曾庆存苦读冥思，反复试验，几经失败，终于从分析大气运动规律的本质入手，想出了用不同的计算方法分别计算不同过程的方法，这正是著名的“半隐式差分法”。莫斯科世界气象中心应用这一研究成果，天气预报准确率达到60%以上，这是世界数值天气预报史上里程碑式的成果。

1961年，曾庆存26岁，国际上赞誉纷至沓来，他却毅然选择回国，写诗《自励》：“温室栽培二十年，雄心初立志驱前。男儿若个真英俊，攀上珠峰踏北边。”

留学归来攀登科学高峰

回国后，曾庆存被分配到中科院地球物理研究所气象研究室。他常常在几平方米的宿舍里，一推公式就不分昼夜，顾不上吃饭、睡觉。

1970年，曾庆存服从国家需要，被紧急调任为卫星气象总体组的技术负责人；1974年出版《大气红外遥测原理》一书，提出求解“遥感方程”的“反演算法”，成为今天世界各主要气象卫星数据处理和服务中心的主要算法；20世纪80年代，他成为院士，挑起中科院大气所所长的大梁，在科研经费困窘的情况下，想方设法筹集经费，为大气研究引进国际先进的计算机……

他最早学的是基础物理学，却在气象学领域登上国际高峰。他在20世纪90年代提出并进行过深入自然控制论系统研究；21世纪初提出并组织领导气象灾害的监测预测和防治调度的系统研究，通过大信息处理和超算，集灾害天气的遥感、定量预测、预警、灾情分析和预报以及防治方案成为系统工程；最近10余年又在做地球系统动力学模式研究，以解决全球气候与环境变化的核心科学方法问题。除延续已有基础和创造的研究，每一段时期，都又开辟新的研究领域。凭借扎实的学术建树，他有重要的跨学科影响，同时在气象学会、工业与应用数学学会、海洋学会三大学会担任理事长。

全心全意为祖国奋斗到底

1984年，49岁的曾庆存便肩负起中科院大气物理研究所所长的重任，提出要发展成为“中国的一个高水平的大气科学研究中心，对国内外开放，在世界大气科学发展中做出贡献”。

担任所长9年间，曾庆存争取到在中科院建设首批国家重点实验室中的两个大气科学实验室——大气科学和地球流体力学数值模拟国家重点实验室、大气边界层物理和大气化学国家重点实验室，在国际上颇有名气，取得世人瞩目的成果。

曾庆存是我国改革开放后第一批硕士、博士生和博士后的导师，20多年来，他力推中国大气科研机构建设和国际合作，为中国气象事业培养了一批又一批优秀研究生和青年学者。同时，他也为发展中国家培养了多位留学生，其中，中科院首位外籍博士古拉姆·拉索尔回国后任巴基斯坦国家气象局局长。

在自身的科研和个人修养中，他更是不设边界，融会贯通。

曾庆存对祖国怀抱感激，对家乡满满眷念。1996年，他获“何梁何利科学奖金”，将港币10万元全部捐赠给母校阳江市第一中学和广东两阳中学，设立“明耀庆丰奖学金”，激励学生读书。他关心故乡大气、水文水利、海洋、空间和生态环境的科研建设和业务工作中的问题，推动成立广东区域数值预报重点实验室，已成为国内最好的区域数值预报机构。

曾庆存为现代大气科学和气象事业的两大领域——数值天气预报和气象卫星遥感做出了开创性和基础性的贡献，为国际上推进大气科学和地球流体力学发展成为现代先进学科做出了关键性贡献，并密切结合国家需要，为解决军用和民用相关气象业务的重大关键问题做出了卓著功绩。

入党六十余载，曾庆存初心不变，满腔热血，推动中国气象史上一次又一次进步。

第六节　气象精神薪火相传

新中国气象事业，既是一部薪火相传、砥砺前行的奋斗史诗，也是一首人才辈出、壮志豪情的精神赞歌。从夙夜为公、舍我其谁的开创者和领导者，到精益求精、勇攀高峰的科学家，从奋楫争先、勇挑重担的先进模范，到甘于清苦、默默奉献的基层职工，一代代气象工作者把个人价值融入国家人民事业之中，经过长期奋斗，培育、继承和发展了优良的传统与作风，凝练出属于气象工作者的强大精神力量，塑造了气象文化的核心内容。

气象文化凝练而成的精髓，就是气象精神——准确、及时、创新、奉献。

“准确”是气象精神的核心，“及时”是气象精神的灵魂，“创新”是气象精神的精髓，“奉献”是气象精神的品质。“准确、及时、创新、奉献”作为一个整体，传承了不同历史阶段形成的气象精神，表达了气象工作者爱国爱党的坚定立场、服务人民的赤子情怀和爱岗敬业、精益求精、科学求索的价值取向，是对气象工作者职业道德、奉献精神、时代风范的精炼概括，是全体气象工作者共有的精神家园。

万千气象工作者披荆斩棘，诠释着气象精神，涌现出一批具有强烈时代感和震撼力的模范人物和先进集体。

从20世纪50年代开始，成都气象干部训练队刘培壁、卓辉两位女学员，来到海拔3394米的甘孜机场气象站，成为康藏高原上第一批女气象工作者；上海、福州等地青年，牵着牦牛从青海西宁赶往玉树，开展地面观测并向兰州拍发首份天气报告；全国各地的气象青年下了火车转乘汽车，在天山南北投身建站工作……是他们，让高山、海岛、高原、荒漠有了气象台站。

黑龙江省大兴安岭地区漠河县北极村在我国的最北端，这里有太多的“最北”：最北哨所、最北一家、最北邮局……这里还有最北的气象站、国家一类艰苦台站——北极村气象站。漠河市位于中国最北部，是中国纬度最高的城市，也是中国唯一能看到极光的地区。漠河地处大兴安岭山脉北麓，年平均气温为-4.3 ℃，极端最低气温为-52.3 ℃，无霜期88天，属于中国国家一类艰苦边远地区。1956年，为监测高寒地带气候，中国在北极村建立了中国最北的气象站。在北极村气象站，全国“五一”劳动奖章获得者周儒锵测出了当地中国最低气温——-52.3 ℃；他34年累计传发情报99280次，没有一次迟测、漏测、迟报、漏报；他几次放弃更好的待遇，选择了坚守北极一辈子。北极村条件太苦，留不住人才。为了传承气象事业，周儒锵将目光锁定在子女身上，原本可以留在大城市的女儿和原本可以保送上大学的小儿子被他说服，留在了中国最冷的气象小站，传承父亲的从业初心。

拐子湖位于有“死亡之地”之称的巴丹吉林沙漠北沿，方圆百公里内常住人口不足20人，年均降水量仅41毫米，蒸发量却为降水量的100多倍，每年 4 个多月为黄沙和大风笼罩，冬夏温差70 ℃……1959年，拐子湖气象观测站建立，它是我国仅有的两个沙漠腹地气象观测站之一。第一批进站的工作人员从距离220千米的额济纳旗出发，骑着骆驼，顶着风沙，在大漠戈壁里走了7天7夜才到达拐子湖。从那以后，一代代气象人扎根于此，学校、卫生站、邮局和小商店都撤走了，气象站依旧默默地立于原地。每次沙尘暴铺天盖地席卷而来，气象站就会被滚滚黄沙掩埋，全站职工筑起“人墙”保护观测和采集数据，硬是坚守在1.8万平方千米的土地上，书写了“特别能吃苦、特别能奉献、特别能团结”的拐子湖气象人精神。

1974年4月，我国在西沙永乐群岛自卫反击战中乘胜收复珊瑚岛，并在次年1月1日成立珊瑚岛气象站。自此，一支气象“哨兵”队伍便担起祖国南海气象观测和气象服务的重任。建站后，我国在南海小岛的气象资料不再是空白，南海海域的中国渔民也可以顺利接收气象信息。中国人民解放军在南海前线的指挥、布防及战术反应，以及海监、渔政等地方职能单位，都有了宝贵的气象资料。南海还是台风走廊，珊瑚岛气象站作为前哨阵地，可以更好地探测南海各海域的台风动态，为防台风部署、海上避险等工作提供更准确有效的信息。然而，做到这些绝非易事。无常住人口，没有人经商，有钱也买不到食物，这是岛上气象工作者长期面临的环境。早期，气象工作者上下班只能乘坐渔船，跟随渔民在海上漂半个多月才能到达珊瑚岛。2012年三沙设市后，交通条件有了改善。从文昌清澜港出发，乘坐补给船“三沙1号”经过15小时航行可抵达永兴岛，然后换乘渔船或部队炮艇，再经过9个多小时抵达珊瑚岛。

藏北安多平均海拔5200米，年平均气温-2.4 ℃。那里有世界海拔最高的有人值守的气象站——安多气象站。“站在世界最高处，争创工作第一流。”安多气象局院子里的这14个大字，赫然醒目。20世纪60年代，为了给青藏铁路建设提供气象资料支撑，国家决定在安多建立气象站。这个任务落在了陈金水身上。他带着两顶帐篷和气象仪器，出发了。牛粪是唯一的燃料，为了买牛粪，陈金水常常在海拔5000多米的路上步行几十千米。蔬菜是“奢侈品”，妻子生病了，买不到蔬菜，陈金水从路边的垃圾堆里捡了菠菜老叶和根，凑合做了碗青菜汤。就是在这样的环境下，陈金水和同事筚路蓝缕、艰苦创业，用铁锹、十字镐刨开坚硬如石的冻土，平整出625平方米的标准气象观测场。安多冬天气温一般在-30 ℃左右，极端最低气温-43.2 ℃。这对观测员来说是极大的挑战：如果不戴手套直接开观测场的铁门，手会冻粘到铁门上，脱一层皮。测量仪器因低气温无法运转，得先裹在怀里暖一暖。气象部门用“百班无错情”的荣誉，衡量气象观测员的敬业精神。西藏首个“百班无错情”的奇迹，就诞生在安多。凭着这种执着认真的精神，安多气象局积累了上百万个气象数据。这些数据，成为研究青藏高原气候变化、青藏铁路建设、防灾减灾的科学依据。世界气象组织的一位官员曾这样说：安多气象站是中国人为全世界做出的一个贡献。

2017年10月28日，习近平总书记给西藏自治区山南市隆子县玉麦乡牧民卓嘎、央宗姐妹回信。信中对父女两代人几十年如一日在海拔3600多米、每年大雪封山半年多的边境高原上默默守护祖国领土，表示“崇高的敬意和衷心的感谢”。2018年6月22日，玉麦乡无人自动气象监测站正式完成建设，并投入监测业务试运行。这是山南市首个边境地区无人自动气象监测站。它的建立和投入运行，填补了山南边境乡镇无气象监测站点的空白，将为全面打开玉麦乡气象服务盲区发挥重要作用，为进一步推进边境小康乡镇建设、军民融合发展和国防建设提供强有力的气象服务支撑。

新疆伊犁州昭苏县东边为狭长的山谷，西边为开阔的盆地，夏季每10天里就有5至6

天为雷阵雨，导致彩虹出现频率远高于全国其他县市，且出现虹霓（双道彩虹）的次数相对较多。近年来，前来伊犁的游客都希望一睹昭苏虹霓为快。为了满足大家的心愿，气象预报员变身“追彩虹的人”，制作出虹霓预报预测产品。2019年7月5日，新疆维吾尔自治区昭苏县气象局通过微信公众号“昭苏天气”正式对外发布彩虹预报。发布内容涵盖当日天气预报、彩虹概率预报、适合观赏彩虹的地点及相关小知识等。

…………

每一个年代、每一个台站，都有气象人的故事，他们的精神化作点点星光，照亮了事业发展的整个征程。气象精神代代相传，成为推动气象事业不断发展前进的密钥。

在新时代传承和弘扬气象精神，要大力弘扬新时代科学家精神。中国气象事业是科技型、基础性社会公益事业，要建设世界气象强国，就必须把气象科技创新摆在现代化气象强国建设全局的核心位置，就必须有一支勇于创新、甘于奉献的气象科技人才队伍。有了他们的努力，才有了中国气象科技从无到有、由弱变强的壮阔发展。进入新时代，面对国家、人民的殷殷期待，面对受制于人的核心科技难题，气象科技工作者更应弘扬新时代科学家精神，为建设气象强国凝聚磅礴力量。

在新时代传承和弘扬气象精神，需要自觉践行伟大的奋斗精神。我们不会忘记中国气象局历届领导班子集体，是他们肩挑重担、勇往直前，带领几代气象工作者团结奋斗，不断开创新中国气象事业建设改革发展的新局面。我们不会忘记以竺可桢、赵九章、叶笃正、谢义炳、陶诗言、程纯枢、顾震潮、黄士松等同志为代表的老一辈科学家，是他们呕心沥血、鞠躬尽瘁，为中国气象事业发展奠定了坚实的科学技术基础。我们不会忘记陈金水、雷雨顺、覃国振、陈素华、隋金堂、田志发、金龙洗、董立清、崔广、陈胜、赖开岩等同志为代表的先进模范和先进人物。

在气象人的版图中，没有艰苦区和舒适区。不论是在祖国的哪一方，都有千千万万的气象人坚守奋斗、星夜兼程，守护着人类的安宁，也守护着祖国的美丽。

【守护平安中国和美丽中国的气象人】

气象科学研究

逆风而行，释放探空气球，收集数据。
像富兰克林从天空摄取闪电那样，人工引雷。
面朝大海，不一定都是春暖花开，还有设备损毁的困扰。
在哈萨克斯坦原始林区，取出树芯，湍急的泽拉夫尚河奔流而过。

北京夏季奥运会火炬珠峰传递气象保障队

冰雪、狂风、极寒、缺氧……在海拔5300米的珠峰大本营和海拔6500米的前进营地，在人类生存的极限环境中，一群气象勇士，以对祖国的神圣使命感和大无畏的牺牲精神，凭借高超的气象监测预报水平和能力，保障攀登者打赢了2008年北京奥运会第一仗，创造了登山气象服务前无古人的奇迹。

极地气象观测

凌晨4点前起床观测，把数据传给世界气象组织。
哪怕是遇到恶劣的暴风雪，
雪打在脸上，刚开始觉得冰冷，后来就麻木了。

拐子湖气象站

有时候，沙尘暴异常凶猛，全站人员手拉手筑起“钢铁长城”，完成观测。

2003年，SARS病毒席卷全国，拐子湖和外界彻底失联，站长下令：“党员留下，其他人回家。”

没有一个人开口说走。

【守护平安中国和美丽中国的气象人】

安多气象站

在安多，看到一只鸟飞过，会替它担心：
在哪里能落脚呢？
四周连一棵树都没有，只有稀疏的电线杆。
从安多回到拉萨，想抱着树，大哭一场。

珊瑚岛气象站

海岛上遇到强台风，观测员们要用绳索捆在一起，
爬出去观测。
但最难的是寂寞。
往来船只极少，经常一个多月没有补给物资。

五进玉麦建气象站

一面是悬崖，一面是滚石，眼前大雾弥漫。
从2018年1—7月，五次进玉麦。
结束了玉麦没有气象监测数据的历史，守护
祖国疆域上的一草一木。

追彩虹的人

太阳、人、雨三点一线，人在中间就能看到彩虹。
和十万网友一起等待彩虹出现，首次成功预报的
喜悦难以掩饰。
让生活更美好，不是一句空话。

主要参考文献

白寿彝，1999. 中国通史第十二卷 近代·后编（1919—1949）[M]. 上海：上海人民出版社.

陈广忠，2019. 淮南子 [M]. 第 9 版. 北京：中华书局.

陈海波，2020.“气象科学老战士”曾庆存：不求闻达亦斯文 [N]. 光明日报，2020-01-11(07).

陈学溶，2012. 中国近现代气象学界若干史迹 [M]. 北京：气象出版社.

陈正洪，杨桂芳，2014. 胸怀大气 陶诗言传 [M]. 北京：中国科学技术出版社.

丁海斌，1988. 我国古代气候档案 [J]. 档案，4: 25.

董昌明，2017. 郑和下西洋中的海洋学 [M]. 北京：科学出版社.

冯时，2019. 百年来甲骨文天文历法研究 [M]. 第 2 版. 北京：中国社会科学出版社.

高嵩，毕宝贵，李月安，等，2017. MICAPS4 预报业务系统建设进展与未来发展 [J]. 应用气象学报，28(5): 513-531.

葛丽娟，2016. 陶寺古观象台：实现天人对话的神坛 [N]. 中国气象报，2016-12-28(04).

和丽琨，1997. 陈一得与云南第一个气象测候所 [J]. 云南档案，3: 36.

扈永顺，2020. 曾庆存：一切为了祖国气象事业 [J]. 瞭望，2: 48-49.

黄晖，2018. 论衡校释（全 2 册）[M]. 北京：中华书局.

姜海如，赵同进，彭莹辉，2017. 中国古代气象 [M]. 北京：气象出版社.

解明恩，2019. 西南联大的气象教育与人才培养 [J]. 气象科技进展，9(1): 61-66.

李月安，曹莉，高嵩，等，2010. MICAPS 业务平台现状与发展 [J]. 气象，36(7): 50-55.

李芝兰，杜文福，晃开芳，2002. 古代的气象观测 [J]. 陕西气象，3: 13.

陆玖，2019. 吕氏春秋 [M]. 第 11 版. 北京：中华书局.

毛娟，2018. 中国古代海洋文化中的科技思想研究 [D]. 厦门：厦门大学.

钱伟长，2011. 20 世纪中国知名科学家学术成就概览 [M]. 北京：科学出版社.

裘国庆，2000. 国家气象中心 50 年 [M]. 北京：气象出版社.

申敏夏，2019.《歌唱巴塘气象站》高唱属于气象人的赞歌 [N]. 中国气象报，2019-05-29(04).

史景峰，2012. 秦汉航海史研究 [D]. 桂林：广西师范大学.

宋英杰，2016. 二十四节气志 [M]. 北京：中信出版集团，2017.

苏娜，2010. 探究中国古代天文仪器设计中的哲学智慧 [D]. 沈阳：东北大学.

孙自法，2020. 大气科学家曾庆存院士：致力“天有可测风云”[EB/OL]. 中国新闻网，2020-01-10[2021-02-04]. https://www.chinanews.com/gn/2020/01-10/9056000.shtml.

王东丁，玉平，2014. 竺可桢与我国气象台站的建设[J]. 气象科技进展，4(6): 67-73.

王秀芹，1990. 中国近代气象事业的先驱——蒋丙然[J]. 中国科技史料，11(1): 49-50.

王学健，2006. 叶笃正：胸怀风云志 大爱本无形[N]. 科学时报，2006-01-10.

温克刚，2004. 中国气象史[M]. 北京：气象出版社.

谢世俊，2016. 中国古代气象史稿[M]. 武汉：武汉大学出版社.

杨萍，王邦中，邓京勉，2019. 二十四节气内涵的当代解读[J]. 气象科技进展，2: 36-38.

于新文，2019. 气象改革开放40年[M]. 北京：气象出版社.

张勃，2016. 二十四节气的文化意蕴[N]. 光明日报，2016-12-5(2).

张璇，2015. 民国时期中国气象学会会员群体研究（1924—1949）[D]. 南京：南京信息工程大学.

郑国光，2008. 气象部门改革开放三十周年纪念文集[M]. 北京：气象出版社.

《中国气象百科全书》总编委会，2016. 中国气象百科全书[M]. 北京：气象出版社.

中国气象局，2009. 中国气象现代化60周年[M]. 北京：气象出版社.

中国气象局，2019. 新中国气象事业70周年纪念文集[M]. 北京：气象出版社.

中国气象学会，2008. 中国气象学会史[M]. 上海：上海交通大学出版社.

中国人民政治协商会议湄潭县委员会，贵州省遵义市气象局，贵州省湄潭县气象局，2017. 问天之路——中国气象史从遵义、湄潭走过[M]. 北京：气象出版社.

周京平，2012. 中国古代天文气象风向仪器：相风乌——起源、文化历史及哲学思想探析[J]. 气象科技进展，2(6): 55-59.

周京平，陈正洪，2012. 中国古代天文气象风向仪器：相风乌——起源、文化历史及哲学思想探析[J]. 气象科技进展，6: 55-59.

竺可桢，2013. 竺可桢全集（第23、24卷）[M]. 上海：上海科技教育出版社.

《走向海洋》节目组，2012. 走向海洋[M]. 北京：海洋出版社.

后 记

穿越亿年光阴 见证万千气象
——中国气象科技展馆建馆记

2019年12月9日，中央政治局委员、国务院副总理胡春华考察中国气象科技展馆并给予高度评价，就此拉开展馆正式对外开放的大幕。

穿过星光璀璨的序厅，聆听历代领袖对气象工作的关怀与指示，就走进了源远流长的中国古代气象，荡气回肠中华民族大气探秘之路，就此铺开——

80余块彩色立面、23项实物和27块电子屏，半景化壁画纱幕秀、负空间沉浸式场景复原、时光长廊、立体沙盘秀、幻影成像大屏、AR互动、弧幕影院等声光化电手段，让厚重的历史款款走来，让精尖的科技活泼亲切。漫步展馆，纵览从古至今的中国气象史，特别是看到延安时期和新中国成立之初的人民气象事业的奋斗史以及今天的气象现代化成就时，气象历史之雄浑、气象精神之坚韧、气象科技之现代，都让观众深深震撼。

伟大的事业需要伟大的呈现——历史讲述者和展馆建设者们正是以这样的情怀和责任感，不畏艰辛，精益求精，用两年半的时间，建成了中国气象科技展馆。

大手笔：描画建馆的美好畅想

这是一个深谋远虑的描画，蕴含着丰富的智慧和力量；这是一场跨越时空的书写和对话，引领着人们在气象文化积淀和科技进步中找寻自信。

中国气象局党组高度重视气象科普宣传工作。近年来相继召开气象宣传科普会议，制定下发《气象科普发展规划（2019—2025年）》，并早在2017年11月提出展馆建设初步想法。这既是实施规划的必要举措，又是加强气象文化建设的内在要求，更是发展中国气象局科普教育基地的迫切需要。

随后，中国气象局办公室会同中国气象局气象宣传与科普中心启动谋划，并在广泛征集素材和征求意见的基础上，用半年多时间，写就了近6万字的展陈大纲。

勤生金：一场久久为功的锤炼

风至自灵动，策高当行远。高水平设计是展馆建设的关键。2018年6月，中国气象局汇聚气象部门最高水平的专业设计人员，由来自中国气象局气象宣传与科普中心、中国气象报社、上海市气象局、厦门市气象局等单位的骨干力量，组建了展馆设计组，负责提出设计方案，制定设计大纲。

在中国气象局办公室指导下，在中国气象局气象宣传与科普中心和中国气象报社党委的统筹领导下，设计组走访多家科技馆、博物馆、历史馆和多个相关部门，调研资源统筹、平台搭建、活动开展、队伍建设及机制建设等工作，充分借鉴展品收集、场馆设计建设以及运行维护的经验。

在充分研究、客观评估的基础上，设计工作正式启动。设计组阅读大量文献，充分挖掘史料，虚心请教专家学者，深入采访数十位老同志、亲历者，中国气象史上的一个个人物逐渐鲜明，一个个故事显露真相，气象档案越发饱满，尘封的往事有了温度。

设计组以过硬的专业素养和严谨的工匠精神，最终确定了展陈理念——全馆采用史料和实物互补的方式，在描绘历史发展脉络的基础上，深挖气象历史资源及其深厚的气象文化内涵，不仅讲好气象历史的来龙去脉，也呈现气象科技成果和现代化建设成就。理念既定，再将收集来的史料编织进去，历经十几次易稿，十余万字脚本渐渐成形。

从无到有，从确认内容和形式，到收集文字和实物，直至完善细节和脚本，时间指向了2019年1月。

绘到底：一张宏图的定力

2019年2月，在设计初步完成的基础上，展馆进入施工建设阶段。这是一场各级领导高度重视和多个单位通力合作的大会战。

中国气象局统筹各方力量，建立专项，在投入和保障上对展馆建设给予了最大限度的支持。中国气象局领导班子亲力亲为、靠前指挥，多次到建设现场考察，逐字逐句审看展板、屡次全程听取汇报讲解，在历史的准确性、内容全面性、展陈效果、展示思路理念等方面悉心指导，保证展馆圆满地呈现在公众面前。

中国气象局办公室作为组织协调单位，提供全方位支持，体现了强烈的服务意识和出色的组织能力。中国气象局各内设机构和直属单位积极提供展陈素材，并结合本职领域，及时配合把关、完善展陈内容。各省（自治区、直辖市）气象局也鼎力相助，上海市气象局派出高质量设计团队，延安市气象局、营口市气象局等提供了大量有价值的资料，福建、辽宁等地气象部门也在设计人才、建设经验等诸方面给予了大力支持。

中国气象局气象宣传与科普中心作为承建单位，第一时间成立展馆建设领导小组，重视学习，加强调研，聚力攻关，按照高水平、高质量的建馆目标，在人员紧缺的情况下，依然抽调骨干力量投入设计建设队伍，保证了各项工作顺利推进。同时，注重超前谋划，建设和运营一起抓，提前建设讲解员队伍、建立展馆运行保障机制。

聚部门之力、集部门之智，2019年8月，展馆初步建成。

既出发，便只顾风雨兼程

展馆初步建成后，经历了一次考验。面对这座全新的气象科普教育基地、全新的气象文化传承载体，各界都给予了最深的关切，在征求意见阶段提出了近百条宝贵建议。

在970平方米的空间内，将发源于甲骨文时代的气象史讲清楚，将12万气象人干出的气象现代化成就讲精彩，本来就是一件极具挑战的工作。但是，设计组和建设单位秉持政治意识、大局意识、钻研精神、奉献精神，顶住时间紧、难度大的压力，对设计思路、展陈理念、展陈内容进行了全面完善和提升，充分体现出气象工作者追求卓越、追求极致、永不言败的精神。

正如设计团队和建设团队用来相互勉励的古语所言——

致广大而尽精微！

2019年10月25日，展馆进入内部试运行。

2019年11月底，展馆正式落成。

2019年12月8日，新中国气象事业走过整整七十载春华秋实，站在了新的起点上。

第二天，展馆正式开放。

新起点：红色基因的底色

徜徉在970平方米的展馆，观众将依次走过7个展厅：

“序”厅，展示党和国家领导人对气象事业的关怀与指示；“探秘古代气象”厅，呈现中国古人的气象智慧；“近现代气象”厅，掠影民国时期的气象工作；“人民气象发源地——延安”厅，追溯延安的人民气象事业火种如何以星星之火燎原；“奋斗中的气象事业”厅，回顾了新中国成立后至改革开放前的气象事业；“气象现代化”厅，全面展示改革开放以来，气象现代化建设取得的辉煌成就；“气象剧场”则放映书写我国天气气候特征和气象人精神的短片。

在这里，每一个数字，都有值得倾听的故事；每一面墙，浇筑的不仅是钢结构，也是一代又一代气象人永恒不竭的探索精神和英雄梦想。

展馆搭建了气象工作者“寻根”、相关部门“取经”，社会公众“求知”的良好平台，成为传播气象科学、宣传气象成就、展示气象形象、弘扬气象精神的重要窗口，也是增强气象文化自信，激励气象工作者的教育基地。展馆开放后，好评如潮，带动中国气象宣传科普工作迈上了新台阶。

展馆建成后，中国气象局旋即启动了编写展馆配套图书的工作。这本书，是“可以带走的中国气象科技展馆”。她能帮助实地参观过展馆的观众更加全面、更加深入、更加长久地了解展馆，帮助无法实地参观的观众通过书籍了解展馆，从而使展馆的气象科学普及和气象文化传播功能发挥得更加充分。

成书这一刻，时间定格在2021年6月16日。

或薪火相传，或携手并肩，共同走到这一刻的，除了创造展馆里的故事的气象人，还有建馆的气象人——他们是展馆设计组的刘欧萱、刘波等，展馆工程和运维组的王省、孙楠、刘皓波等，图书编写组的武蓓蓓、李冬梅等……

长忆往事，筑梦未来，愿因气象结缘的我们，一起走向更远方……